北京市安全应急产业发展报告
（2023年）

北　京　市　应　急　管　理　局
北京市经济和信息化局
应急救援装备产业技术创新战略联盟　组织编写
新兴际华科技集团有限公司
新兴际华应急研究总院

应 急 管 理 出 版 社

·北　京·

图书在版编目（CIP）数据

北京市安全应急产业发展报告．2023年／北京市应急管理局等组织编写．--北京：应急管理出版社，2024

ISBN 978-7-5237-0477-6

Ⅰ．①北… Ⅱ．①北… Ⅲ．①安全生产—研究报告—北京—2023 Ⅳ．①X93

中国国家版本馆CIP数据核字(2024)第045291号

北京市安全应急产业发展报告（2023年）

组织编写 北京市应急管理局 北京市经济和信息化局
应急救援装备产业技术创新战略联盟
新兴际华科技集团有限公司 新兴际华应急研究总院
责任编辑 李雨恬
责任校对 张艳蕾
封面设计 于春颖

出版发行 应急管理出版社（北京市朝阳区芍药居35号 100029）
电　　话 010-84657898（总编室） 010-84657880（读者服务部）
网　　址 www. cciph. com. cn
印　　刷 北京世纪恒宇印刷有限公司
经　　销 全国新华书店

开　　本 787mm×1092mm 1/16 **印张** 9 1/2 **字数** 148千字
版　　次 2024年3月第1版 2024年3月第1次印刷
社内编号 20240032 **定价** 68.00元

编委会名单

前　　言

北京市作为全国的政治中心、文化中心、国际交往中心、科技创新中心，保障其安全一直是重中之重。从城市规模来看，北京市是中国的超大城市之一，2022年末，常住人口2184.3万人，高人口密度增加了城市安全防范压力。超大城市安全运行与各类突发事件影响成为首都发展的挑战。据《2022年北京市应急管理事业发展统计公报》统计，全市发生各类生产安全事故381起、死亡401人；全市自然灾害累计受灾人口92050人，直接经济损失63990.42万元。2022年，北京市成为全世界首座“双奥之城”，诸如此类重大活动的日益常态化也对首都安全提出了更高标准。安全格局的构建离不开应急管理能力的支撑，形成与首都需求相匹配、具有首都特色的应急管理体系是应急管理事业发展的内在要求。2021年11月，《北京市“十四五”时期应急管理事业发展规划》正式发布，与《北京市“十四五”时期消防事业发展规划》《北京市“十四五”时期防震减灾规划》等7个配套分项规划共同构筑起“1+7”的发展架构，为“十四五”时期北京市应急管理事业建设发展提供了科学、系统、具体的理论指导和行动指南。

大力发展安全应急产业是全方位提升首都应急能力的重要抓手。第一，通过发展安全应急产业可以落实北京市应急管理事业发展规划，打通首都应急最后一公里，确保“首都安全体系”“健康北京”“平安北京”等目标实现。第二，通过发展安全应急产业可以提升应急响应能力，为首都应对各类突发事件提供装备、物资、队伍、平台、服务、资金等保障。第三，通过发展安全应急产业能够促进科技创新，面向突发事件应急场景研发高精尖产品，以实战需求倒逼技术革新，顺应智慧应急大趋势。第四，通过发展安全应急产业可以凝聚社会力量，尤其可以激发市场主体活力，变政府驱动为多元力量驱动，促进政产学研用协同发展，有利于首都安全应急产业生态系统的培育与可持续发展。同时，安全应急产业本身具有经济效益，推动产业集聚形成规模效应，可以成为首都的经济增长极。安全应急产业特有的交叉融合属性，能够与其他产业高效联动，实现价值共创。

北京市高度重视安全应急产业工作，自2015年以来，有关部门连续多年开展北京市安全应急产业发展报告编制工作。为进一步推动安全应急产业发展，助力首都应急管理体系和能力现代化，北京市应急管理局组织开展了北京市安全应急产业发展报告编制工作，由新兴际华科技集团有限公司承担、新兴际华应急研究总院具体实施。《北京市安全应急产业发展报告（2023年）》由北京市应急管理局、北京市经济和信息化局、应急救援装备产业技术创新战略联盟、新兴际华科技集团有限公司、新兴际华应急研究总院共同发布。希望通过此项工作，探索北京市安全应急产业发展之道，赋能首都安全应急科学决策。

报告将普遍性与特殊性相结合，剖析我国安全应急产业发展的基本规律和北京市安全应急产业发展的特殊规律。一是从普遍性视角出发，把握行业发展基本规律。顺应时代趋势，界定了安全应急产业的核心内涵，阐明了安全应急产业、应急管理、应急能力三者的内在逻辑，归纳了我国安全应急产业的总特征，从国家战略、北京市战略层面系统梳理了产业发展政策，总结了我国安全应急产业发展现状，构建了安全应急产业图谱，分析了3种产业集聚模式。二是从特殊性视角出发，深入分析北京市安全应急产业的特殊规律。立足首都安全应急大格局，总结了五大特色，分析了产业发展制约因素，分析了四大重点领域的供需情况，盘点了四类产业资源，解构了六大园区的产业集聚情况，围绕北京市及周边地区典型灾害场景开展了产品应用分析，提出了发展目标以及五大战略抓手。

报告编制聚焦“创新”二字，努力提升内容的新颖性。第一，实现了写作方法创新，探索了“实施方案—提纲—简版报告—专家研讨—实地调研—正式报告”的写作思路，提升了报告的科学性、合理性、严谨性。第二，在安全应急产业背景部分补充了安全应急产业图谱，描绘了安全应急产业的总体蓝图。第三，增加了典型集聚模式部分，总结了以联盟为导向、以高校院所为依托、以场景为核心的产业集聚模式。第四，增加了北京市及周边典型灾害场景产品应用分析部分，分析了暴雨洪涝灾害、地质灾害、暴恐事件、公共卫生事件等典型灾害场景的重点企业与核心产品。第五，在产业发展探索与趋势部分，增加了产业链整合和智慧应急两大抓手，提升了报告的前瞻性。

报告坚持价值导向，为了解我国安全应急产业发展和北京市安全应急产业发展、做好北京市安全应急产业发展和应急救援工作、提升北京市安全应急产业集聚水平、助力北京市安全应急产业与应急管理工作融合发展提供了参考。

在编写过程中，北京市应急管理局进行了总体组织，由新兴际华应急研究总院具体实施。报告前言由万垚、董炳艳执笔；第 1 章由宋黎执笔；第 2 章由万垚执笔；第 3 章由孙虎执笔；第 4 章由万垚执笔；第 5 章由万垚执笔；第 6 章由孙虎执笔；第 7 章由戚昕执笔；第 8 章由董炳艳执笔。

在报告撰写过程中，来自工信部、中共中央党校（国家行政学院）、中国科技发展战略研究院、中国地震应急搜救中心、中国人民大学、中国消防救援学院、北京市消防救援总队等单位的受邀专家对报告提出了宝贵的意见；在调研和资料收集过程中，也得到了中关村科技园区丰台园、房山园，中关村软件园等单位的鼎力支持，在此致以真挚的感谢。同时，也向在报告出版中付出辛勤劳动的应急管理出版社李雨恬编辑表示由衷的感谢。

安全应急产业的理论与实践在不断发展，学术界和产业界对产业的认识还在不断深入，其核心特征、产业规律有待进一步探索，产业模式、发展路径也在社会各界的不断探索与实践中日新月异。《北京市安全应急产业发展报告（2023 年）》的编写还存在一些疏漏和不足，敬请各界批评指正。

编委会

2024 年 1 月

目　　次

1 安全应急产业发展背景

1.1 产业内涵

我国的安全应急产业伴随居民安全应急消费需求的提升和传统产业安全技术装备改造升级逐步发展壮大，在产业边界、产业簇群范畴等方面也经历了从模糊到清晰的发展历程。

从起源上看，安全应急产业不是一个全新的概念，而是在原“安全产业”和“应急产业”的基础上整合而来。2010 年 7 月 19 日，国务院发布《国务院关于进一步加强企业安全生产工作的通知》，首次在政府文件中提出了安全产业的概念。2012 年，工业和信息化部与国家安全生产监督管理总局联合印发《关于促进安全产业发展的指导意见》，首次明确提出了安全产业的定义，即安全产业是为安全生产、防灾减灾、应急救援等安全保障活动提供专用技术、产品和服务的产业。2014 年，《国务院办公厅关于加快应急产业发展的意见》对应急产业进行了界定，即应急产业是为突发事件预防与应急准备、监测与预警、处置与救援提供专用产品和服务的产业。

在实践中，安全产业和应急产业往往混淆使用。为解决安全应急产业内涵和边界不清晰的问题，2020 年，工业和信息化部进一步完善安全应急产业的理论体系和内涵，将安全产业和应急产业整合在一起，发布了《安全应急产业分类指导目录（2021 年版）》，形成了统一的安全应急产业概念，即为自然灾害、事故灾难、公共卫生事件、社会安全事件等各类突发事件提供安全防范与应急准备、监测与预警、处置与救援等专用产品和服务的产业。

1.2 产业地位

安全应急产业与应急管理、应急能力共同构成我国应急体系的三要素，三者相辅相成、协同发展，如图 1-1 所示。应急管理是政府加强社会管理、搞好公共服务的基本职能，旨在保障公共安全、保护人民群众生命财产安全，必须坚持党的领导，统筹构建统一指挥、专常兼备、反应灵敏、上下联动的中国特色应急体系。应急能力包括队伍救援能力、资源保障能力、科技支撑能力等多个层面，是应急管理的具象体现，是安全应急产业发展的需求动力。安全应急产业为满足人民群众日益增长的安全需求，提高应急管理科学化、专业化、智能化、精细化水平提供产品和服务，是应急管理体系和能力建设的重要基础。应急管理引导安全应急产业发展、促进应急能力提升；应急能力实现应急管理目标、带动安全应急产业升级；安全应急产业支撑应急管理落地、保障应急能力建设。三要素形成合力，共同推动我国应急管理体系和能力现代化水平不断提升。

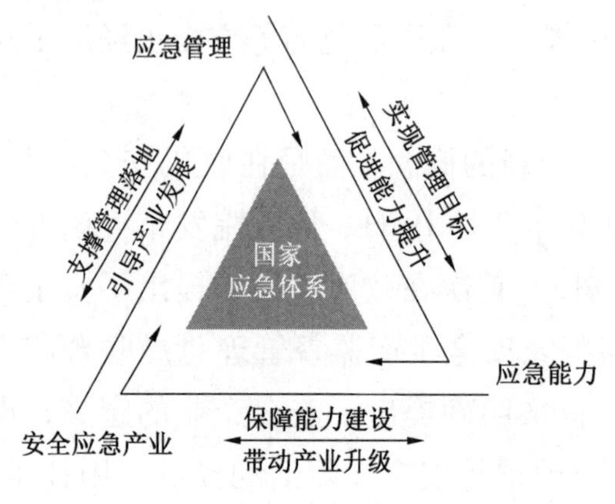

图 1-1　国家应急体系三要素示意图

以习近平同志为核心的党中央着眼党和国家事业发展全局，强调坚持以人民为中心的发展思想，统筹发展和安全两件大事。党的十九届五中全会把统筹发展和安全上升为经济社会发展指导思想，把安全摆到了前所未有的高度，为推进应急管理体系和能力现代化提供了重大机遇。党的二十大报告第十一部分用专章对维护国家安全和社会稳定进行部署，突出了国家安全在党和国家工作大局中的重要地位。安全应急产业为国家应急管理体系和能力现代化建设提供重要支撑。

1.3　产业特点

1.3.1　安全应急产业涉及领域广、种类繁多

安全应急产业涉及领域广、种类繁多，广义的安全应急产业是从突发事件应对的角度，为突发事件预防准备、监测监控、预警指挥和抢险救援环节提供技术、装备、平台和服务的行业集合，其对象包括政府、社会、企业以及公众。安全应急产业的构成可以从以下 4 个角度来分类：从突发事件应用领域来分，可以分为防灾减灾类、生产安全类、公共卫生类和社会安全类；从产品和服务形态来分，可分为咨询服务类、仪器设备类、平台系统类和装备类；从突发事件管理流程来分，可以分为预防准备类、监控监测类、预警指挥类和抢险救援类；从产品特性来分，可以分为通用类、兼用类和专用类。

1.3.2 安全应急产业复合属性强、产业链长、政府主导性强

安全应急产业融合了新兴产业属性与传统产业内容，兼具新兴产业势头强劲和传统产业基础稳固的特征，发展辐射效应强。习近平总书记在河北省考察时更是强调要将安全应急装备作为战略性新兴产业来发展。安全应急产业具有强大的发展辐射效应，除了直接带来新的经济增长点以外，还能在多个行业间形成促进作用，其所面对的安全、经济、民生方方面面的问题决定了链端的多样性。产业内部各类企业相互配套协同、合作发展，易关联、易成链、易实现产业集群，形成产业园区。安全应急产业专业性强，针对不同防治领域的各类产品细分为多类产业，安全应急科技创新壁垒高，产品研发难度大、技术性强、周期长，标准规范水平高。同时，安全应急产业的大部分内容属于社会发展建设范畴，体现了政府为人民谋福利的建设初心，因此产业发展的政府主导性强、时效性强。

1.4 产业政策

1.4.1 国家产业政策

2019—2023年，中共中央办公厅、国务院、国务院办公厅、国务院安委会、发改委、工信部、科技部、应急管理部、住建部等累计发布59项安全应急产业相关政策文件，见表1-1。从发文的内容来看，政策倾向主要集中在安全生产、应急管理、防灾减灾、产业示范基地建设等方向。在政策指导下，近年来我国安全应急产业规模逐步扩大、产业集群初具规模，产业政策在引导产业集聚发展、提升行业整体技术水平等方面有效带动了产业高质量发展。

表1-1 2019—2023年国家安全应急产业相关政策

序号	政策标题
1	国务院《生产安全事故应急条例》（国令第708号）
2	交通运输部《交通运输安全应急标准体系（2022年）》（交办科技〔2022〕82号）
3	国务院安委会办公室《关于进一步加强国家安全生产应急救援队伍建设的指导意见》（安委办〔2022〕12号）
4	国务院《“十四五”国家应急体系规划》（国发〔2021〕36号）
5	国务院安委会《全国安全生产专项整治三年行动计划》（安委〔2020〕3号）
6	中共中央办公厅　国务院办公厅《关于全面加强危险化学品安全生产工作的意见》（国务院公报2020年第8号）

表1-1(续)

序号	政策标题
7	应急管理部《防范化解尾矿库安全风险工作方案》(应急〔2020〕15号)
8	工业和信息化部　国家发展改革委　科技部《国家安全应急产业示范基地管理办法(试行)》(工信部联安全〔2021〕48号)
9	工业和信息化部办公厅　国家发展改革委办公厅　科技部办公厅《关于组织开展2023年度国家安全应急产业示范基地申报和评估工作的通知》(工信厅联安全函〔2023〕223号)
10	应急管理部《危险化学品企业重大危险源安全包保责任制办法(试行)》(应急厅〔2021〕12号)
11	应急管理部《关于加强安全生产执法工作的意见》(应急〔2021〕23号)
12	应急管理部《"十四五"危险化学品安全生产规划方案》(应急〔2022〕22号)
13	应急管理部《企业安全生产标准化建设定级办法》(应急〔2021〕83号)
14	交通运输部　公安部　自然资源部　生态环境部　住房和城乡建设部　水利部　应急管理部《高速铁路安全防护管理办法》(中华人民共和国交通运输部令2020年第8号)
15	应急部　人力资源社会保障部　教育部　财政部　煤矿安监局《关于高危行业领域安全技能提升行动计划的实施意见》(应急〔2019〕107号)
16	文物局　应急部《关于进一步加强文物消防安全工作的指导意见》(文物督发〔2019〕19号)
17	交通运输部　工业和信息化部　公安部　生态环境部　应急管理部　国家市场监督管理总局《危险货物道路运输安全管理办法》(中华人民共和国交通运输部令2019年第29号)
18	应急管理部《高层民用建筑消防安全管理规定》(中华人民共和国应急管理部令第5号)
19	交通运输部办公厅　公安部办公厅　商务部办公厅　文化和旅游部办公厅　应急管理部办公厅　市场监管总局办公厅《关于进一步加强和改进旅游客运安全管理工作的指导意见》(交办运〔2021〕6号)
20	工业和信息化部办公厅　国家发展和改革委员会办公厅　科学技术部办公厅《安全应急装备应用试点示范工程管理办法(试行)》(工信厅联安全〔2020〕59号)
21	应急管理部办公厅《关于扎实推进高危行业领域安全技能提升行动的通知》(应急厅〔2020〕34号)
22	应急管理部办公厅《危险化学品企业生产安全事故应急准备指南》(应急厅〔2019〕62号)
23	应急管理部办公厅《乡镇(街道)突发事件应急预案编制参考》和《村(社区)突发事件应急预案编制参考》(应急厅函〔2023〕231号)
24	应急管理部《安全生产严重失信主体名单管理办法》(中华人民共和国应急管理部令第11号)
25	国务院安全生产委员会《全国城镇燃气安全专项整治工作方案》(安委〔2023〕3号)
26	应急管理部《应急管理综合行政执法事项指导目录(2023年版)》(应急〔2023〕70号)
27	应急管理部办公厅《防汛抢险先进技术装备推广目录(2023年版)》(应急厅〔2023〕16号)
28	应急管理部　国家发展改革委　财政部　国家粮食和储备局《"十四五"应急物资保障规划》
29	财政部　应急部《企业安全生产费用提取和使用管理办法》(财资〔2022〕136号)

表1-1(续)

序号	政 策 标 题
30	应急管理部　国家矿山安全监察局《“十四五”矿山安全生产规划》（应急〔2022〕64号）
31	国务院安委会办公室《“十四五”全国道路交通安全规划》（安委办〔2022〕8号）
32	国家减灾委员会《“十四五”国家综合防灾减灾规划》（国减发〔2022〕1号）
33	应急管理部《“十四五”应急救援力量建设规划》（应急〔2022〕61号）
34	应急管理部《危险化学品生产建设项目安全风险防控指南（试行）》（应急〔2022〕52号）
35	应急管理部办公厅《工贸行业安全生产专项整治“百日清零行动”工作方案》（应急厅函〔2022〕127号）
36	应急管理部《“十四五”应急管理标准化发展计划》（应急〔2022〕34号）
37	应急管理部　中国地震局《“十四五”国家防震减灾规划》（应急〔2022〕30号）
38	国务院安全生产委员会《“十四五”国家消防工作规划》（安委〔2022〕2号）
39	国务院安全生产委员会《“十四五”国家安全生产规划》（安委〔2022〕7号）
40	应急管理部《“十四五”危险化学品安全生产规划方案》（应急〔2022〕22号）
41	应急管理部《全国应急管理系统法治宣传教育第八个五年规划（2021—2025年）》（应急〔2022〕11号）
42	应急管理部办公厅《化工园区安全风险智能化管控平台建设指南（试行）》和《危险化学品企业安全风险智能化管控平台建设指南（试行）》（应急厅〔2022〕5号）
43	国务院安全生产委员会《全国危险化学品安全风险集中治理方案》（安委〔2021〕12号）
44	住房和城乡建设部　公安部　交通运输部　商务部　应急部　市场监管总局《关于加强瓶装液化石油气安全管理的指导意见》（建城〔2021〕23号）
45	应急管理部　司法部《应急管理综合行政执法技术检查员和社会监督员工作规定（试行）》（应急〔2021〕93号）
46	应急管理部《企业安全生产标准化建设定级办法》（应急〔2021〕83号）
47	国务院安委会办公室《城市安全风险综合监测预警平台建设指南（试行）》（安委办函〔2021〕45号）
48	应急管理部办公厅《安全评价机构执业行为专项整治方案》（应急厅〔2021〕38号）
49	应急管理部办公厅《“工业互联网+危化安全生产”试点建设方案》（应急厅〔2021〕27号）
50	应急管理部办公厅《淘汰落后危险化学品安全生产工艺技术设备目录（第一批）》（应急厅〔2020〕38号）
51	工业和信息化部　应急管理部《“工业互联网+安全生产”行动计划（2021—2023年）》（工信部联信发〔2020〕157号）
52	国务院安委会办公室《国家安全发展示范城市建设指导手册》（安委办函〔2020〕56号）
53	应急管理部《生产经营单位从业人员安全生产举报处理规定》（应急〔2020〕69号）
54	应急管理部办公厅《应急管理部重点实验室管理办法（试行）》（应急厅〔2020〕28号）

表1-1(续)

序号	政 策 标 题
55	国务院安委会办公室　应急管理部《推进安全宣传“五进”工作方案》（安委办〔2020〕3号）
56	国务院安委会办公室《国家安全发展示范城市评分标准（2019版）》（安委办〔2020〕2号）
57	应急管理部《自然灾害情况统计调查制度》和《特别重大自然灾害损失统计调查制度》（应急〔2020〕19号）
58	应急管理部　民政部　财政部《关于加强全国灾害信息员队伍建设的指导意见》（应急〔2020〕11号）
59	工业和信息化部《关于进一步加强工业行业安全生产管理的指导意见》（工信部安全〔2020〕83号）

1.4.2　北京市产业政策

2019—2023年，北京市累计发布13项安全应急产业相关政策，见表1-2。从发文的内容来看，政策倾向主要集中在三大方向，即应急管理、应急物资保障、智慧城市建设等。

表1-2　2019—2023年北京市安全应急产业相关政策

序号	政 策 标 题
1	北京市经济和信息化局《北京市关于推进场景创新开放加快智慧城市产业发展的若干措施》（京经信发〔2023〕33号）
2	北京市经济和信息化局《北京市重点安全与应急企业及产品目录（2021年版）》
3	北京市应急管理局《北京市“十四五”时期应急管理事业发展规划》（京应急发〔2021〕31号）
4	北京市应急管理局《北京市“十四五”时期安全生产规划》（京应急发〔2021〕36号）
5	北京市应急管理局《北京市“十四五”时期应急救援力量发展规划》（京应急发〔2021〕36号）
6	北京市应急管理局《北京市“十四五”时期应急管理科技与信息化发展规划》（京应急发〔2021〕36号）
7	北京市应急管理局《北京市“十四五”时期应急物资储备规划》（京应急发〔2021〕36号）
8	北京市人民政府防汛抗旱指挥部《北京市“十四五”时期防汛减灾发展规划》（京政汛发〔2021〕5号）
9	北京市大数据工作推进小组《北京市“十四五”时期智慧城市发展行动纲要》（京大数据发〔2021〕1号）

表1-2(续)

序号	政 策 标 题
10	北京市人民政府办公厅《北京市“十四五”时期高精尖产业发展规划》(京政发〔2021〕21号)
11	中共北京市委办公厅　北京市人民政府办公厅《关于加快推进韧性城市建设的指导意见》(政府公报2022年第2期)
12	中共北京市委　北京市人民政府《关于加强首都公共卫生应急管理体系建设的若干意见》(政府公报2020年第32期)
13	北京市人民政府办公厅《关于推进城市安全发展的实施意见》(京政办发〔2019〕17号)

1.5　产业发展现状

1.5.1　产业规模迅速扩大

近年来，在国家政策的引导和支持下，在各类突发事件应急产品需求的牵引下，我国安全应急产业呈现出良好发展势头。据统计，2022年我国安全应急产业规模达到1.7万亿元，且保持每年11%以上的增长。随着安全应急装备纳入战略性新兴产业，安全应急产业有望成为促进经济发展的新增长点。

1.5.2　安全应急产业空间格局更加凸显

我国安全应急产业经过十余年发展，目前已经形成了“两带一轴”的总体空间格局。第一带是北起吉林省长春市、南至广东省深圳市，从长白山沿海南下，直至珠江口的产业“东部发展带”。该区域安全应急产业总体规模最大，是我国沿海经济带健康、安全、高质量发展的坚实保障。其中江苏省和广东省产业规模最大，位居国内前列，重点企业比如徐工集团、深圳市安联消防技术有限公司等。第二带是西起新疆维吾尔自治区乌鲁木齐市、南下至贵州省贵阳市，从天山脚下到云贵高原的产业“西部崛起带”。该区域未来发展空间最大，是我国西部安全应急产业对外发展和对内保障的大动脉。区域内重庆市是我国首个国家级安全应急产业基地，曾是我国国家级安全应急产业园区的开路先锋。该区域重点企业包括重庆军工、西安航天动力等。一轴则是指从安徽省合肥市到湖南省长沙市，包含安徽、江西、湖北、湖南中部四省的“中部产业连接轴”。该区域产业定位的综合性最强，是推进两带发展、推动区域产业链形成和联通的重要桥梁，重点企业比如中联重科、中船应急等。这些地区依托原有资源和产业基础、人才优势，大力推进安全应急产业发展。

1.5.3 产业示范基地规模进一步扩大

产业园区是我国发展安全应急产业的重要平台，是产业项目建设的主阵地，是创业创新创造的主战场，在推动经济高质量发展中发挥着关键作用。目前，已有8家园区被命名为国家安全应急产业示范基地、18家园区被命名为国家安全应急产业示范基地创建单位，其中，浙江温州海洋经济发展示范区也是创建单位之一。26家示范基地涉及安全应急产业营业收入超过了5千亿元，拥有2000余家规上企业，涵盖了安全防护、应急救援等各类产品。如徐州高新区的起重救援装备产值超过73亿元，长沙高新区的工程抢险救援机械产值超过103亿元，合肥高新区的应急通信装备产值超过81亿元，如东经济开发区的个体防护产品产值超过54亿元。

1.5.4 一批重点行业组织和企业涌现

近年来，随着我国安全应急产业发展力量不断壮大，涌现出一批技术水平高、服务能力强、拥有自主知识产权和品牌优势、具有国际竞争力的大型企业集团，如以新兴际华为代表的实力雄厚的综合性中央企业集团。在预防准备、监测预警、救援处置等领域，涌现出了一批专项特色突出、市场占有率高的企业，如贵州詹阳动力、辰安科技、中船应急、福建侨龙等。此外，为了推动安全应急产业发展，提高我国应急能力，应急领域相关各个行业纷纷自发组建协会、学会、联盟等行业组织，相关国家部委及地方部门作为业务指导单位也给予了行业组织大量支持，共同开展应急领域产品研发、科学研究、学术交流、信息交流、标准制定、宣传教育等工作，取得了显著的成果。这些协会、学会、联盟主要有中国灾害防御协会、中国应急管理学会、中国安全产业协会、中国消防协会、公共安全科学技术学会、应急救援装备产业技术创新战略联盟等。其中，应急救援装备产业技术创新战略联盟是由新兴际华集团牵头成立的应急领域唯一的国家级科技创新联盟。

1.5.5 科技创新能力显著增强

公共安全作为国家中长期科技规划的重点领域进行规划和部署，特别是“十二五”以来，科技部统筹973计划、863计划、国家科技支撑计划，启动了“应急装备”重点专项，重点围绕城市基础设施安全监测控制物联网技术应用、应急保障等开展了攻关，相关的成果在2013年四川省雅安市芦山地震

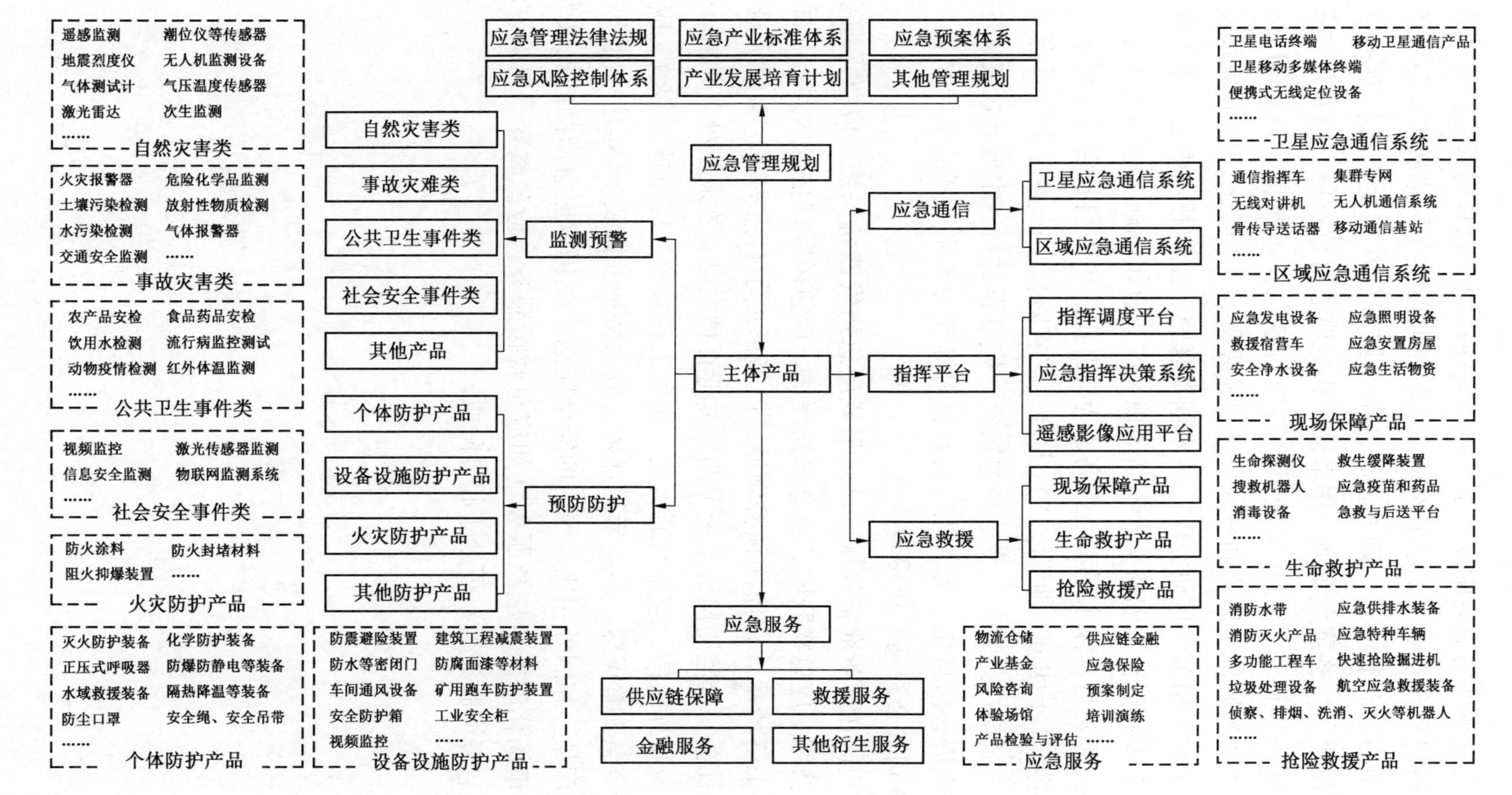

图 1-2 安全应急产业图谱

等一系列突发事件的应对中发挥了非常积极的作用。同时国家也积极支持应急产业相关科研平台建设，如解放军后勤工程学院组建了国家救灾应急装备工程技术研究中心。“十三五”期间，科技部在城市公共安全以及自然灾害等领域，分别设置了一些重点专项，用来推动我国应急科技发展。国家公共安全科技发展专项规划设立“公共安全风险防控与应急技术装备”重点研发计划，促使公共安全领域科学研究和技术研发快速发展，为应急产业科技发展奠定了基础；应急产业相关领域研究院、技术创新联盟、工程技术中心、重点实验室等一批形态多样的科技创新平台不断涌现，产业自主创新与协同创新能力不断加强，科技研发与合作水平不断提高，为提升应急产业科技创新发展水平提供了有力支撑。“十四五”期间，“重大自然灾害防控与公共安全”重点专项也启动实施。智能应急装备、专业应急物资、应急新材料、水域救援装备等领域不断得到发展，信息化、无人化以及新材料等成为未来发展的重点方向。

1.5.6 我国安全应急产业图谱

目前我国在预防准备领域，已经形成应急物资储备系统、应急管理系统、应急培训演练、应急物联网、应急探测评估、应急风险评估等六大类近百种产品，如图 1-2 所示。在监测预警领域，已经形成了自然灾害、事故灾难、公共卫生及社会安全监测预警系统等四大类近百种产品；在救援处置领域，已经形成了应急指挥通信、应急交通运输、应急工程救援、应急搜索营救、应急医疗救援、应急安置保障、应急后勤保障、应急特种救援及个体防护自救等九大类近千种产品。和国外相比，国内的安全应急产业仍以应急产品的提供为主，社会化、市场化的安全应急服务（如应急救援服务，应急教育、培训、演练服务，应急咨询服务等）还处于起步阶段。

2 安全应急产业典型集聚模式

2.1 以联盟为导向的产业集聚模式

2.1.1 模式简介

以联盟为导向的产业集聚模式聚焦安全应急产业生态体系的构建。通过搭建联盟专业性平台来贯通产业链上中下游，整合行业资源，集成创新能力，赋能产业升级。通过搭建联盟开放性平台统筹政产学研用各方，实现圈内圈外各要素良性循环，拓展安全应急产业生态边界。

2.1.2 模式基本特征

第一，注重平台搭建能力。通过构建行业平台，筑牢生态发展基石，为政产学研用各方提供行业交流、供需对接、成果转化、培训认证等服务，打造安全应急产业生态圈。生态圈立足于可持续发展核心理念，致力于实现圈内良性发展、圈内圈外良性互动。生态平台是该类模式的基本架构，运行机制是平台发展的关键支撑，利益共创、利益共享、风险共担是运行机制发挥作用的根本原则。

第二，注重顶层设计能力。联盟通过参与行业发展规划，制定国家、行业、地方、团体和企业标准，参与起草行业发展政策，助力“一案三制”建设，牵头攻关重大科技项目，把握行业话语权，提升行业影响力。顶层设计能力是联盟的核心竞争力，通过顶层设计打造影响力杠杆，放大联盟价值，培育联盟品牌。

第三，注重战略研究能力。联盟通过开展战略研究，厘清产业发展现状，诊断产业发展瓶颈，预测产业发展趋势，提出产业升级路径，出版产业发展白皮书、蓝皮书、发展报告等典型成果，提升专业能力，展示智库价值。

第四，注重资源整合能力。该模式将专家资源、会员资源、平台资源、智库资源、品牌资源和渠道资源等核心资源进行充分整合，形成“资源池”。通过资源整合，产生协同效应，在应对重大灾害、生成行业系统性解决方案方面形成独特优势。一方面，联盟可以迅速调动会员单位的应急物资、装备、队伍等资源，及时响应灾害救助，创造社会价值。另一方面，联盟可以通过资源整合打造“飞地经济”发展模式，实现跨区域经济价值创造。

第五，注重商业模式构建能力。联盟的生存与发展需要资金支持，打造商业模式成为一项必备技能。联盟面向政府部门、会员单位、业内企业、社会大众等需求主体，开发出系列化问题解决方案，在为行业服务的同时创造收入，探索市场化运行机制，实现可持续发展。自力更生是联盟发展的重要原则。

2.1.3 模式动力机制

第一，协同创新机制驱动。一是科技项目揭榜挂帅机制。通过重大科技项目揭榜挂帅，调动会员单位的积极性、主动性、创造性，激发会员单位科研活力，提升会员单位科研凝聚力，提高联盟科技创新能力。二是专委会工作机制。邀请行业资深专家组成专委会，建立联盟专家库，发挥专家的外脑优势，为联盟创新发展建言献策。聚焦产业细分领域，成立联盟专家组，参与领域项目论证、项目攻关、项目咨询，贡献专业价值。三是政产学研用协调机制。在推进协同创新的过程中，统筹协调联盟内外各创新主体，提升联盟的开放性，整合各界资源，为政府、市场和行业组织提供合作创新平台，实现圈内圈外良性发展。

第二，产业链建设目标牵引。以安全应急产业链建设为目标，实现产业链上中下游高效联动，四大领域优势互补，大中小企业协同发展，关键资源优化配置，避免无序竞争、恶性竞争，形成发展合力，建设安全应急全产业链。一是产业链上中下游高效联动。以联盟为纽带，连接上中下游，打破市场壁垒，减少信息时滞，降低交易成本，促进供需匹配，形成良好的供需机制和交易机制。二是四大领域优势互补。依托联盟平台，聚拢预防防护、监测预警、救援处置和安全应急服务四大领域相关的企业，整合技术优势、产品优势和服务优势，推进多领域融合发展，形成产业链集成优势。三是大中小企业协同发展。在产业链建设过程中，形成分工合作，大中小企业各自找准定位，扮演合适角色，发挥自身优势，形成良好的合作机制，合作做大“蛋糕”，共同分享“蛋糕”。

第三，龙头骨干企业引领示范。一是在构建安全应急产业生态圈方面扮演重要角色。在平台搭建、顶层设计、战略研究、资源整合、业务开拓等方面提出基础方案，主动承担生态体系构建责任。二是在联盟机制设计方面扮演重要角色。尤其要在利益共创机制、利益共享机制、风险共担机制上下功夫，为联盟顺利运行保驾护航，为打造安全应急产业生态共同体提供行动纲领。三是在提升联盟组织战斗力方面发挥引领示范作用。积极引导各单位参与联盟建设，充实联盟力量，为联盟正常运行提供组织支撑和后勤保障，确保联盟顺利实现各项功能。

2.1.4 模式典型案例

应急救援装备产业技术创新战略联盟是由新兴际华集团牵头成立的科技部国家级联盟。

在平台建设方面，该联盟致力于打造协同创新、物资产能保障和产业服务三大平台。一是打造协同创新平台。以重大科技项目为抓手，推进成员单位申报科技项目，促进成员单位间对接与合作，加强安全应急科技成果转化及落地。二是打造物资产能保障平台。开展应急物资认证体系建设、应急物资产能保障体系建设和应急数据库建设等研究，推进应急物资保障体系建设。三是打造产业服务平台。多次组织召开行业高端会议论坛，为北京市、珠海市、随州市、信阳市等提供项目咨询服务。

在顶层设计方面，该联盟参与《应急产业“十三五”国家重点研发计划优先启动重点研发任务》《“十四五”国家应急体系规划》编制工作，参与编制多项公共安全标准，为产业发展贡献智库力量，提升安全应急行业话语权。

在战略研究方面，该联盟大力推进产业研究。一是与北京市应急管理局、北京市经济和信息化局通力合作，连续多年编制并发布《北京市安全应急产业发展报告》《北京市重点安全与应急企业及产品目录》。二是出版了国内首部《应急产业研究》著作。三是支撑国家部委、地方政府政策研究和产业研究工作。

在资源整合方面，该联盟多次与工信部应急产业发展大会、应急管理部中国国际安全生产论坛、珠海国际航展、炎帝寻根节等合作，联合举办专业型论坛展览，发挥联盟专家资源、会员资源和平台资源的支撑作用，打造行业品牌项目，服务安全应急产业发展。

在商业模式探索方面，该联盟完善联盟会员服务制度，在应急产业园区基地规划与运营、救援培训基地规划与运营、应急培训课程研发等方面打造样板工程。

2.2 以高校院所为依托的产业集聚模式

2.2.1 模式简介

以高校院所为依托的产业集聚模式将高校院所作为产业发展的引擎，发挥高校院所的学科优势、平台优势、人才优势和科研优势，打造科技创新策源地，抢占产业集聚关键阵地，争取高附加值引领，打造科技创新型产业集聚模式。

2.2.2 模式基本特征

第一，注重高校院所科技创新能力。以高校院所为依托的产业集聚模式强调高校院所在科技创新中的支撑作用。一是发挥高校院所的学科优势。在产业发展方面与高校院所优势学科、重点学科紧密结合，实现学科与产业良性互动，互利共赢。二是发挥高校院所平台优势。与高校院所重点实验室、重点工程研究中心等科研平台开展产学研合作，依托科研平台的创新能力，联合攻关重大科技项目，攻克产业发展中的技术障碍，突破产业发展瓶颈，产出一批高水平科研成果，形成科技创新优势，为产业化奠定基础。三是发挥高校院所人才优势。通过与高校院所深入合作，发挥高校院所高端人才的智力优势，为产业发展提供智力支撑。发挥高校院所人才团队优势，集中力量攻克重大项目与课题。与高校院所合作开展人才培养，探索联合培养人才机制，培养掌握理论与实践的复合型人才，为安全应急产业发展储备后备军。四是发挥高校院所科研优势。依托高校院所成熟完备的科研体系，在“卡脖子”技术攻关、核心技术攻关、自主创新产品研发等方面深耕，形成自主创新场域，为产业化提供原动力。

第二，注重全产业链培育能力。以高校院所为依托的产业集聚模式致力于打造全产业链。一是基于当地产业优势、科技创新优势，培育自己的优势领域。将优势领域作为主要发展动力，形成产业体系构建的四梁八柱。二是引入资源弥补产业链短板，构建全产业链发展格局。针对产业基础较弱的领域，结合产业发展实际需求，引入外部资源，培育壮大弱势领域，填补产业链空白领域，推进全产业链建设，构建完整的安全应急产业体系。

第三，注重战略机遇捕捉能力。以高校院所为依托的产业集聚模式的发展离不开对战略机遇的把握。一是把握安全应急产业发展机遇。顺应应急管理能力和体系现代化需求，积极探索安全应急产业蓝海市场。二是把握校地、院地合作机遇。与安全应急领域实力突出的高校院所建立合作关系，兼具高校院所的创新优势与当地的产业优势，实现科技创新产业化与产业科技创新化双轮驱动。三是把握平台升级机遇。积极申报国家安全应急产业示范基地等国家级平台，提升平台的含金量、知名度与影响力，增强平台的吸引力，为安全应急产业创新资源集聚赋能，提升全国安全应急产业建设的话语权，成为安全应急产业发展排头兵。

2.2.3 模式动力机制

第一，高校院所科技创新驱动。一是技术策源地引领。依托高校院所的学科优势、平台优势、人才优势和科研优势，为产业“输血造血”，提升自主创新能力，构筑技术“护城河”。二是联合创新体驱动。依托高校院所联合创新优势，与科技企业等创新主体分工合作，打造联合创新体，优化配置创新资源，以强大的创新团队解决行业发展的重大技术难题。

第二，成果转化机制驱动。成果转化有高校院所自主转化和合作转化两种方式。高校院所自主转化是高校院所自己创立公司，推进创新成果商业化与产业化。合作转化是高校院所在供给侧持续发力，形成大批创新成果，成果转化则需要合作企业协助，构建商业化网络和产业化网络，同时借助政府的政策工具，使技术成为消费者手中的产品，推进成果落地、见效。在合作转化的整个过程中，高校院所、企业和政府三方通力合作，共同推进产业化。激励机制的设计是成果转化机制构建的着眼点，要制定成果发明者、转化者与政府都能获益的多赢方案，才能确保转化的成效。

第三，国家级平台驱动。充分利用国家级平台完成招商引资、产业集聚、全产业链构建，形成强大的磁场效应。通过国家级平台建设，打造安全应急产业集聚样板工程，形成榜样效应，带动当地安全应急及其相关产业发展，引领区域安全应急产业发展，服务全国安全应急产业发展。以平台发展驱动产业发展，以产业发展反哺平台发展。平台与产业相互促进，打造科技创新型试点经济，打造安全应急产业发展新范式。

2.2.4 模式典型案例

〔案例一〕徐州国家高新技术产业开发区（以下简称徐州高新区）是经国务院批准的国家级高新技术产业开发区。

在科技创新方面，徐州高新区与中国矿业大学深入合作，创建中国矿业大学安全与应急管理创新中心。同时，与清华大学、上海交通大学等高校开展合作，创建清华大学城市公共安全创新中心、上海交通大学徐州研究院，全方位提升科技创新能力。目前，徐州高新区内建设国家及省级研发机构 40 个，引进院士团队 5 个，千人计划等高层次专家人才 19 人。

在全产业链培育方面，徐州高新区系统推进预防防护、监测预警、救援处置、安全应急服务四大领域发展，探索全产业链模式。经过多年发展，形成了矿山安全、消防安全、危险化学品安全、公共安全、居家安全等优势领域。据统计，徐州国家安全科技产业园集聚相关企业 400 余家，徐州市集聚相关企业 800 余家且产业规模超过 600 亿元。

在把握战略机遇方面，徐州高新区顺应时代需求，贯彻落实《江苏省"十四五"应急管理体系和能力建设规划》《徐州市安全应急产业集群创新发展行动计划（2023—2025 年）》，围绕徐州市应急产业发展，不断申报重量级平台，陆续获批国家安全技术与装备特色产业基地、国家安全产业示范园区、国家安全应急产业示范基地等国家级平台，提升了产业发展实力与发展潜力，打造名副其实的"中国安全谷"。

〔案例二〕合肥国家高新技术产业开发区（以下简称合肥高新区）是 1991 年经国务院批准的首批国家级高新技术开发区。

在科技创新方面，合肥高新区与中科大、中科院等高校院所合作，合作共建中科大先研院、中科院创新院、中科院重庆院合肥分院等机构。截至 2022 年 12 月，园区内有 71 家省级以上安全应急相关科研机构，包括 4 个国家级重点实验室、6 个国家级工程技术研究中心、7 个国家级企业技术中心。在全产业链培育方面，合肥高新区在预防防护和监测预警领域的优势较为明显，截至 2022 年 12 月，园区内集聚预防防护类企业 65 家，监测预警企业 70 家。救援处置与安全应急服务茁壮成长，截至 2022 年 12 月，园区内集聚救援处置企业 30 家，安全应急服务企业 50 家。据统计，2021 年合肥高新区产业规模已达 500 亿元。在战略机遇把握方面，合肥高新区贯彻落实《安徽省人民政府办公厅关于加快应急产业发展的实施意见》，推动应急产业平台建设、示范基地建设，培育重点企业，推进安全应急服务，开拓安全应急市场。合肥高新区在 2015 年成为首批国家应急产业示范基地，2022 年成为首批国家安全应急产业示范基地。

〔案例三〕清华大学合肥公共安全研究院探索形成城市生命线安全工程"清华方案 · 合肥模式"。

在科技创新方面，合肥市依托清华大学合肥公共安全研究院，依托院士创新团队，提出了“城市生命线工程”理念，形成了城市生命线桥梁安全解决方案、城市燃气公共安全问题解决方案、城市生命线供排水安全解决方案等一系列城市生命线解决方案。

在全产业链培育方面，合肥市集中力量突破监测预警领域中的城市生命线板块，打造了合肥模式，构建了覆盖16个区的城市生命线系统工程，成为城市生命线建设中的标兵。

在战略机遇把握方面，合肥市承接了清华大学公共安全研究院的优势科技资源和团队资源，合作共建了清华大学合肥公共安全研究院，拥有应急管理部大数据与人工智能应用创新重点实验室、巨灾科学中心等科研平台，构建了城市生命线产学研合作机制，与辰安科技等安全应急领军企业合作，走在了城市生命线技术产业化前沿。

2.3 以场景化基地为依托的产业集聚模式

2.3.1 模式简介

以场景化基地为依托的产业集聚模式融入当地产业特色，聚焦典型灾害场景搭建，以场景为核心，驱动产业链发展，促进安全应急产业链与其他产业链融合，精准满足产业发展核心需求，打造集科研价值、实验价值、生产制造价值、实战价值、展示价值、培训演练价值、体验价值、数据价值等于一身的价值综合体。

2.3.2 模式基本特征

第一，注重灾害场景构建能力。灾害场景作为该模式的核心，是模式成败的关键。一是充分考虑灾害场景的产业基础。根据当地应急产业特色构建相应灾害场景，确保场景的产业辐射能力；与当地产业深度融合，提升场景的产业服务能力，确保灾害场景的生命力。二是关注当地的重大灾害。突出问题导向，通过场景构建模拟当地灾害环境，将场景作为重要演习场所，提升应急救援能力，服务当地防灾减灾救灾。三是打造场景的差异化优势。场景构建要走差异化路线，结合当地实际情况，设计独一无二的灾害场景，形成独一无二的特色优势，避免同质竞争，吸引行业高端资源。四是形成场景的组合优势。一方面，针对某类重要场景进行细分，设计多个子场景，走精细化发展道路。另一方面，实现不同场景之间的关联互动，走协同发展道路。简而言之，统筹单一场景和多元场景，打造场景生态，形成场景组合拳，生成场景集聚优势。

第二，注重灾害场景价值创造能力。一是挖掘场景的产业链价值。以场景为核心，开发产业链上游的科研价值与实验价值，开发产业链中游的生产制造价值，开发产业链下游的会展价值、救援培训价值和多元服务价值，开发全产业链数据价值，带动应急产业链良性发展。二是挖掘场景的创新链价值。面向场景相关重大灾害的难点、痛点与堵点，面向应急救援产品需求，发挥场景的资源整合功能，打造贯通产学研的综合型创新平台，实现从技术论证到产品商业化一条龙服务。三是挖掘场景的跨界价值。以场景为平台，融通安全应急产业链与其他产业链，实现多链发展。以场景为结合点，为多链融合找到突破口，创造“1+1＞2”的协同效应。

第三，注重灾害场景平台运营能力。围绕灾害场景，构建平台运营体系。一是进行顶层设计。制定场景平台运营方案，明确项目里程碑与发展路径，明确责任主体，确保方案的可行性。二是组建运营团队。成立运营机构，明确运营主体，通过多种方式组建专业运营团队。团队组建以专业化为导向，坚持专业的人干专业的事。三是设计平台运营机制。明确平台运营短期、中期和长期目标，明确平台主攻方向，围绕运营目标和主攻方向设计激励机制。制定运营基本制度，使运营工作有据可依。四是推进平台品牌培育。支撑当地产业发展，提升本地口碑。抓住安全应急产业发展战略机遇期，承办重大活动，展示平台实力，提升行业口碑。参与应急救援实战，以救援成绩检验发展成效，提升社会大众满意度。

2.3.3 模式动力机制

灾害场景驱动。以场景为核心，构建场景生态圈，弥补产业链短板，联动产业链上中下游，推进产业集聚，整合创新资源，构建场景导向的创新性平台，研发特殊场景救援急需的高精尖产品，满足市场需求和实战需求。同时，以场景为切入点，与其他产业链相融合，推动跨界发展，共享跨界发展收益。

2.3.4 模式典型案例

随州市国家级专用汽车和应急装备检测研发基地致力于成为中国第一家实战化实景化专用汽车和应急装备研发检测展示基地，总投资为 15 亿元。

在场景构造方面，该基地依托随州市曾都经济开发区国家级安全应急产业示范基地，契合随州市专用汽车产业和应急装备产业，构建专用汽车测试和应急装备测试特殊场景，弥补当地产业发展短板，抢占产业升级制高点，打造专用汽车检验检测价值高地。

在价值创造方面，该基地整合专用汽车产业链和应急装备产业链，实现融合发展。以专用汽车检测与装备研发为主业，带动应急装备展、救援培训服务、应急救援高峰论坛等安全应急服务，实现多元化发展。

在平台运营方面，该基地探索可持续的运行模式，将委托运营与自主运营相结合，根据发展阶段制定适宜发展策略。

在品牌培育方面，该基地举办高水平展会，展示产业实力，促进行业交流合作，提升基地的知名度和影响力。将应急救援装备产业技术创新战略联盟品牌优势和当地专用汽车产业品牌优势通过基地整合起来，形成品牌叠加效应。

2.4 联盟、高校院所、场景化基地三类模式比较分析

从共同点来看，三类模式具备诸多相似属性。

第一，产业集聚属性突出。三类模式的目标均在于推进产业集聚，虽然集聚方式各有差异，但是总体目标大体一致，旨在形成产业规模效应。

第二，平台属性突出。三类模式均依托平台发挥作用，无论是联盟专有创新平台、高校院所研发平台，还是场景特殊平台，都旨在搭建具备核心要素的发展平台，通过平台构建吸引行业资源。平台是三类模式发挥作用的重要载体。

从差异点来看，三类模式也存在以下不同之处。

第一，核心优势不同。以联盟为导向的产业集聚模式，核心优势是顶层设计能力。通过参与顶层设计，掌握行业话语权，成为行业规则的制定者和行业发展的引领者。以高校院所为依托的产业集聚模式，核心优势为科技创新能力。借助高校雄厚的科技创新实力，打造技术策源地，推进产业升级，引领产业科技创新趋势。以场景化基地为依托的产业集聚模式，核心优势在于灾害场景的构建能力。基于当地产业发展需求和应急救援需求，构建典型灾害场景，通过场景衍生出一系列主营业务和新兴业务，培育以场景为核心的产业生态。

第二，驱动机制不同。以联盟为导向的产业集聚模式，主要通过协同创新机制来提升联盟的创新能力，发挥揭榜挂帅机制的激励作用、专委会工作机制的智库作用和政产学研用机制的开放作用，推进创新能力迭代升级。通过产业链整合机制来打造产业链链长，打通上中下游，平衡四大领域，协同大中小企业，营造科学合理的良好发展格局。通过龙头骨干企业示范引领来确保联盟运

行顺畅，在生态圈搭建、机制设计、战斗力生成等方面发挥表率作用，展现骨干企业担当力。以高校院所为依托的产业集聚模式，主要通过高校院所科技创新能力来驱动产业升级，打造技术策源地支撑自主创新，打造联合创新体支撑集成创新。通过成果自主转化和合作转化两种方式来构建商业化网络和产业化网络，确保技术产品真正有市场需求，真正有“用武之地”。通过国家级平台建设打造“金字招牌”，集聚产业资源，树立行业标杆，奠定业界地位。以场景化基地为依托的产业集聚模式，主要通过核心场景的构建来驱动产业发展。构建核心场景和关联场景，形成场景集群，打造场景优势。通过场景链接达到产业链上中下游协同发展、多产业链融合发展和创新链优化升级的目的。

第三，模式生态不同。以联盟为导向的产业集聚模式，致力于打造以会员单位为主体的产业链生态。就其覆盖范围来看，可以覆盖全国各地；就其容纳能力来看，可以吸收全国各地的优势企业及单位参与。其成员包括了开发区管委会、重点企业、科研机构、行业组织等众多主体，生态系统比较完善。总体而言，该类模式开放性和包容性较强。以高校院所为依托的产业集聚模式，首先服务当地产业发展。同时，也可以通过合作共建的方式，支援其他有需求的地区，实现智力成果转移。该类模式创新性较强，可以实现创新资源共享。以场景化基地为依托的产业集聚模式主要服务当地产业发展，是一种园区类的解决方案，其辐射能力取决于场景的吸引力。该类模式的实战性较强，符合安全应急产业发展的本质特征。

3　北京市安全应急产业发展总体情况

3.1　产业发展概况

北京市安全应急产业发展起步较早，特别是在安防、监测预警等领域，有较强的产业发展基础。重点特色专业型安全与应急企业超过了150家，涉及的安全应急产品与服务超过了400种。涵盖安全防护、监测预警、应急救援处置、安全应急服务四大领域。

北京市的中关村科技园区丰台园是我国首批8家国家级应急产业示范基地之一。中关村科技园区房山园依托石化新材料科技产业基地，也形成了特色安全应急产业集聚区。中关村科技园区怀柔园依托大型龙头企业，开展韧性城市试点示范，也基本上形成了特色安全应急产业集聚。其他园区像中关村软件园、石景山首钢工学院宣教基地等也都有各自特色。

按照工信部《中国应急产品实用指南·应对处置分册》北京企业情况的统计，北京市的安全应急产业涵盖所有产业链，如图3-1所示。北京市的突发事件现场信息探测与快速获取技术产品、生命探测搜索设备、消防产品、水体溢油应急处置装备和材料、应急通信技术与产品、应急决策指挥平台技术开发与应用、信息安全产品、反恐技术与装备8大类高端产品或装备在全国处于优势地位（企业数占比高于20%）。目前，北斗导航、地理测绘、无人机、软件系统平台等科技含量高、专业化强的企业越来越多；围绕地质灾害、暴雨灾害、突发环境事件、暴恐事件、网络安全事件等场景，衍生了地质灾害监测预警、突发环境事件处置、反恐防爆处置、网络安全应急等相关装备和服务。

北京市拥有新兴际华集团、辰安科技等一大批综合性或专业性领军企业。北京市安全应急产业对北京市的城市公共安全以及自然灾害救援处置等，均发挥了突出保障作用。随着科技创新投入不断跟进，在防灾、救灾中涌现出一批高科技安全应急产品，进一步凸显了北京市安全应急产业发展的特点。

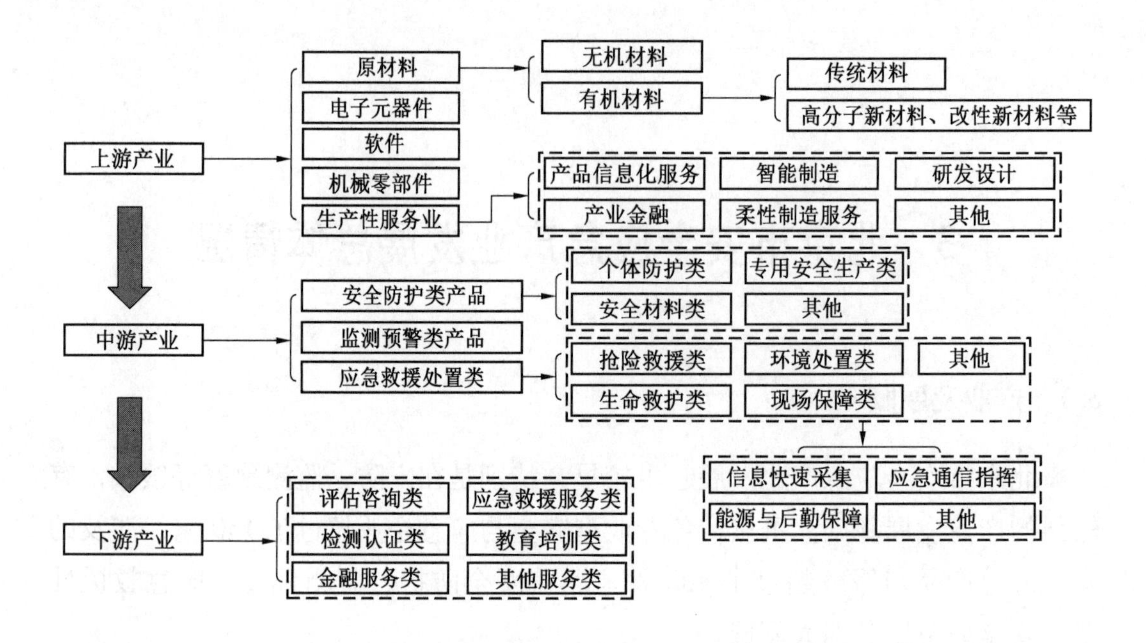

图 3-1　北京市安全应急产业图谱

3.2　北京市安全应急产业特色

3.2.1　产业围绕首都功能定位而发展

北京市作为首都，安全责任重大，各类安全隐患都要试图做到提前准备、万无一失。在处置强降雨、山体滑坡等自然灾害，以及火灾、群体事件、重大国事活动服务保障等突发事件中，形成造就了北京市安全应急产业的发展底色，需求拉动特征明显，衍生了一批具有地域特征的安全与应急企业和产品。

围绕城市高层楼宇灭火。北京市一批科研单位和研究院所近年来加大了对这方面的科技攻关力度，通过申报国家科技攻关项目以及单位内部立项等方式，实现了高层消防领域跨越式发展。从研究的技术范式来看，不同于三一重工、徐工等其他省份的消防企业，近年来，北京市相关单位通过技术融合与创新的方式解决高层消防问题。传统高层消防救援主要采用举高消防车，例如芬兰的波浪涛举高消防车，有超过 100 米的工作高度，单车造价高达数千万，大规模应用成本高。为解决高层消防救援难题，北京市的一些科技单位另辟蹊径，比较有代表性的有 3 种。一是航天科工二院二〇六所研发出投弹式高层建筑干粉消防车，突破常规举高类消防车存在的“够不着、进不去、展不开”等局限，解决了国内外超高层建筑火灾消防救援难题。二是新兴际华集团研发了系留无人机系统灭火装备，通过输送泡沫灭火材料，解决高层灭火的问题。2022 年 9 月，该项技术已经形成发明专利，即一种基于自平衡增稳式系留无人机的消防灭火系统。2023 年该款产品在国务院抗震救灾指挥部办公室、应急管理部、云南省人民政府联合举行高山峡谷地区地震灾害空地一体化联合救援演习中亮相，实战能力得到认可。与该款产品相类似的是北京卓翼智能科技有限公司研制的系留高层灭火无人机 XD-150。该款无人机产品能够载荷 150 千克，在 150 米的高空连续灭火作业 8 个小时。该款消防设备，可以与举高类消防设备协同作战，通过视频感知火场态势，挂载轻型消防水带及灭火剂喷射装置，从而指挥无人机灵活灭火。三是航天科工为代表的无人机+灭火弹系统。该套设备的牵头单位为航天科工仿真技术有限责任公司，全套设备主要包括指挥系统、多旋翼无人机、机载灭火弹。当火情发生以后，无人机在合适位置悬停，然后对准目标物精准灭火。该套系统具有完整的知识产权，相关专利 20 余项。

围绕森林消防。北京市森林覆盖率约为 44%，在房山区、门头沟区、昌平区、延庆区、怀柔区等地，都有大量的山地森林，一旦发生火灾，存在救援难、生态资源损失大等特点。每年的秋冬季节，北京市降雨量减少、空气湿度下降，草木枯黄，落叶与地表枯枝等大量增加，加之郊区旅游人数的增加等，极其容易造成森林火灾隐患。为了提高森林火灾风险防控能力和救援处置能力，近年来北京市市属企业和科研单位，开发出了一些适用装备技术，比较典型的有两类。一是以航景创新为代表的无人机森林灭火装备企业集群。该集群的代表产品包括无人机巡检、直升机灭火、灭火弹研制、智能控制芯片制造等，聚集了北京航景创新、恒天云端、正信宏业、星际导控、煜邦数码、数字绿土等一批企业。无人机森林灭火装备主要由载具和灭火弹等组成，其载具代表包括 FWH-1500 型无人直升机，长 7.2 米，实用升限 6500 米，配合灭火材料，可以实现消防领域内的“察灭一体”，可在山区森林执行长时巡航任务，具备“打早打小”的能力。当火灾发生时，无人机森林灭火装备还可实现以无人机编队形式出动，单机一次可携带 6 枚 50 千克级灭火弹。无人机从起飞到投弹只需要 17 分钟，比起传统的人工灭火方式，具有抵达快、不受地形限制的优势，非常适用于打击悬崖火、高山林火。无人机配合地面测控车，还可以多架次交替作业，实现全天候 24 小时不间断作业，任务半径可以达到 50 千米。二是森林消防监测预警方面，北京市建成了森林管护视频监控系统，卫星遥感、无人机巡护、视频监控、瞭望塔、防火检查站等，形成了五位一体的立体监测网络。在视频监控方面，相关企业包括中林信达（北京）科技信息有限责任公司、北京聚衡广电科技有限公司等，设备主要组件包括智能烟火识别模块、热成像摄像机等。视频监控预警一般会对所采集的信息通过地理信息系统进行方位数字化处理，再将火源信息传送给无人机等灭火设备。在卫星遥感方面，产品设备主要提供单位包括中国测绘科学研究院、航天宏图信息技术股份有限公司等。卫星遥感不仅可对林区的森林资源及火情等进行日常宏观监测，而且还可对森林火险因子、森林火灾的燃烧状况、火灾损失及灾后森林植被恢复等进行长期连续跟踪监测。目前有 10 颗卫星服务于北京市森林防灭火领域，可实时报送监测数据。

围绕城市安防领域。北京市作为首都和国际化大都市，每年都要举办各种会议和各类活动，安防需求巨大，例如 2022 年的冬奥会，其安防装备需求就非常大，除日常所用的快速安检设备外，还包括大量的视频安防设备、无人机反制设备、电子护栏设备等。由于常年从事安防业务，北京市也孕育产生了大量的相关企业，主要产品除包括上述产品外，还包括通过式金属探测门、液体检测仪、爆炸物探测器、金属探测器、各种安全门等。在这一领域，公共安防产品智慧化正在成为北京市这类企业科技和产品发展的重要方向，而基于大数据的建模能力是行业竞争的关键。以北京市海淀区为例，海淀区有 40 万余台摄像头，如果进行数据挖掘，建立某种行为识别模型，就可以对指挥中心进行精准推送，从而提高智慧化水平和监管效率。同时，国有企业从事这类业务较多也是北京市相关产业发展的突出特征。公共安全领域具有一定门槛，诸如疏散电源等产品价格敏感性并不高，对产品的可靠性和安全性要求比较高，因此该领域容易培育一些国字头的龙头企业。企业中比较有代表性的包括航天长峰、航天科工 206 所、辰安科技等等。其中航天长峰是中国航天科工集团旗下 9 家上市公司之一，在公共安全领域具有影响力，曾是北京奥运会、上海世博会、广州亚运会、深圳大运会、贵阳民运会、沈阳全运会、新疆亚欧博览会、上海进博会、武汉军运会、北京-张家口冬奥会等重大活动的总承包商。航天长峰的主要产品包括全域感知、智能预警、精准指挥、高效协同的实战应用平台，全时空、全天候、全方位、立体化的安保防控体系。在智慧公安领域，航天长峰协助公安部、省公安厅、市公安局等各地公安机关开展公安信息化的建设，基本覆盖全国各省、市范围。在公安政法与社会综治领域，航天长峰通过提升联通共享数据资源、拓展视频监控联网应用范围、可视化指挥调度质效，规范业务系统流程和标准，实现了对各类社会风险的实时监控和预测预警预防，参与了市域治理、雪亮工程、平安建设等项目。在边海防领域，航天长峰以构建边海防党政军警民一体化联合防卫管控体系为核心目标，铸就立体、多维、纵深、严密的信息化边海防体系，确保远警近控、水陆一体、平战一体、军民一体，实现边海防部队管边控海能力的整体跃升。

3.2.2 产业呈现集聚发展态势

目前，北京市安全应急产业发展出现了多个园区分工明确、分别集聚集群发展的态势，产业基础加政策推动是产业集聚集群发展的主要驱动因素。

从集聚发展来看，中关村科技园区丰台园是产业集聚发展的代表。中关村科技园区丰台园在国家应急产业示范基地创建政策促使下，依托原有的产业基础，特别是龙头企业带动，形成了北京市最早的应急产业示范集聚区。园区集聚了新兴重工、新兴际华科技集团、中安财富等一批骨干企业，另外还有我国首家国家级应急产业创新联盟——应急救援装备产业技术创新战略联盟。统计数据显示，目前中关村科技园区丰台园专业从事安全应急产业生产及服务的核心企业有 64 家，其中安全防护类企业 15 家，监测预警类企业 9 家，救援处置类核心企业 15 家。中关村科技园区丰台园已经形成安全应急产业集聚发展态势，是北京市最有实力的安全应急产业集聚区。2022 年这些企业总体销售收入为 338. 4 亿元，安全应急产业销售收入为 70. 4 亿元，安全应急产业占总销售收入的比重为 20. 8%。

从产业集群发展来看，产业呈现集群发展态势的园区主要有两个，分别是中关村科技园区怀柔园和中关村科技园区房山园。产业集群与产业集聚不同，其区内的企业存在广泛的上下游联系，往往是由相互关联、相互支持的企业和产业群落组成的系统，产业集群按照企业组织结构又可以划分成很多种类，其中，马歇尔集群以小企业为主，彼此之间没有主导企业，只是这些企业从事同一种行业。另外还有一种典型的集群模式是大企业和数量众多的中小企业组成的集群，与马歇尔集群不同，这种集群存在一个或者几个主导企业，中小企业围绕主导企业提供上下游配套服务。在北京市安全应急产业领域，上述两种集群模式都存在。

中关村科技园区怀柔园是在“龙头企业+中小企业+区域政策”的作用下形成的产业集群。该园区在韧性城市示范试点等政策引导下，以辰安科技为龙头，在城市生命线领域开展了韧性城市建设，而韧性城市解决方案服务又带动了多家上下游中小企业，从而形成了产业生态群落。主导企业辰安科技是国内城市安全领域的龙头企业，近年来在安徽、广东、北京等省市多个城市开展城市综合管网安全监测预警与管理系统建设，形成了很多成功案例，其在北京市怀柔区进行韧性城市建设，有技术和业绩基础。韧性城市综合管网安全管理需要掌握大量管道运行实时数据，因此带动了传感器企业的发展，同时韧性城市建设又用到了公共安全管理平台，而平台又需要多方面的数据融合，因此会带动其他大数据、人工智能等企业与辰安科技合作，形成空间集群。

中关村科技园区房山园与怀柔园情况比较类似，但也有不同。首先，在良乡大学城和房山区南部，近年来在产业基础和相关政策的驱动下，逐渐形成了以智能应急装备为主的产业集聚区，目前集聚了一批在森林火灾等方面有特色优势的企业，该区域正在谋划依托良乡大学城和智能装备园区，大力发展应急智能装备产业。其次，在燕山石化新材料组团，依托燕山石化原有的配套企业，在安全防护、危险化学品处置、安全应急产业科教基地等方面，也形成相应的产业集群，只是主导企业带动方式与中关村科技园区怀柔园有所不同。近两年来，以房山新材料科技产业基地、智能装备产业园为依托，房山区也在组织申报国家安全应急产业示范基地。

3.2.3　产业创新资源高度集中

北京市在应急安全领域聚集了一批高端科研机构。北京市科技创新活跃，创新资源丰富，技术引领性强，在安全应急产业领域也是如此。事实上早在2018年6月，从工业和信息化部发布首批国家应急产业重点联系企业名单中，就能看到北京市安全应急产业发展的这种特点，在首批联系企业名单中，确定了30家企业为首批国家应急产业重点联系企业，其中北京市有8家。在2021年“十三五”科技成就展中，安全应急装备板块通过实物和视频展览涉及的全国安全应急企业有10余家，北京市的企业展出的产品则有长航时无人机、远程泡沫灭火装备、高原方舱装备等，此外，一些参展的地方单位，其公司总部也往往在北京。据统计，“十三五”期间，科技部设置的100余项公共安全专项项目中，北京市企事业单位牵头的重大专项项目研究占比高达55%。

高校安全应急科技创新方面。北京市有很多高校在常年从事安全应急科技创新活动，比较有代表性的包括清华大学、中国消防救援学院、中国地质大学、北方工业大学、北京工业大学等等。其中清华大学公共安全研究院在全国的影响力最大，该学院是全国高等教育安全工程教学指导委员会副主任单位，全国安全工程领域工程硕士教育协作组组长单位，也是公共安全科学技术学会理事长单位，连续多年为国务院应急管理办公室、公安部消防局培养相关工程硕士。该学院以范维澄院士为学科带头人，近年来主持了大量国家安全应急领域的科技攻关项目，比较有代表性的项目为“灾害环境下人体损伤机理研究与救援防护技术装备研发及应用示范”，项目牵头人为该单位的翁文国教授。该项目研究成果产业化落地比较突出，相关研究成果打破了高性能防护材料、核心零部件、高端个体防护装备系统依赖进口的局面。该项目研制的新型气密式化学防护服具有对15类典型危险化学品保持60分钟以上的防护能力，与国外类似产品相比舒适性更好；还研制出国内外首款40兆帕大容量空气呼吸器，呼吸空气存储量增加20%。

科研院所安全应急科技创新方面。北京市从事安全应急的科研院所也非常多，包括应急管理部下属的一些单位，比较有代表性的单位有中国安全生产科学研究院、应急管理部国家自然灾害防治研究院等研究机构，其他还包括中国科学院空天技术研究院、中国电子信息产业发展研究院安全所、中国电信研究院、中国水科院等。以中国安全生产科学研究院为例，该研究院除支持国家应急管理工作以外，还在安全生产领域开展前沿科技研究，特别是在边坡雷达方面，其代表成果——边坡合成孔径雷达监测预警系统，是中国安全生产科学研究院自主研发的高新技术产品。产品基于地基合成孔径雷达零基线差分干涉测量技术，能够实现对露天矿边坡、排土场边坡、尾矿库坝坡、水电库岸和坝体边坡、山体滑坡、建筑物及地表沉降等进行安全监测预警，主要性能参数包括：最远距离5千米，监测精度0.01毫米，监测周期小于10分钟，距离方向分辨率0.25米，方位方向分辨率4毫弧度/8毫弧度，监测范围方位向90度，俯仰向30度。该系统支持三维可视化、一键监测、预警信息自动发布、环境误差自动校正等功能。

大型企业集团安全应急科技创新方面。北京市长期从事安全应急创新的大型科技集团主要包括新兴际华、航天科工、中国兵器、中煤科工、中国普天、中国铁建等，这些集团响应国务院号召，创新实力雄厚，在安全应急领域投入创新资源较多。以新兴际华为例，为了支持安全应急产业发展，新兴际华集团除原有二级、三级公司自身进行研发投入以外，还成立了新兴际华科技集团有限公司，下辖3个研究院和一个检验检测认证中心，近几年投入了数亿元，以支持新材料和智能装备研发，相关研发成果中有很多可以应用到安全应急领域，成果包括系留无人机系统灭火装备、耐高温灭火机器人等。此外，北京市还有一批行业龙头企业常年投身于安全应急创新研发，主要包括辰安科技、华云气象、同方威视等专业特色突出的应急企业，这些企业不仅是安全与应急产业领域的领军者，同时是大数据、人工智能、云计算等新兴技术应用的先行者。

3.2.4 产业辐射带动能力强

多次带头参与国内外应急救援。北京市在地质灾害、洪涝、消防、煤矿灾害、铁路和轨道交通、高危场所应急救援等方面取得了一批成果，率先在国内研制成功一批技术和产品，如应急平台、智能化轻型高机动装备、高层楼宇灭火系统等，在保障首都安全的同时，也在向全国进行辐射。北京市相关应急产品、装备和服务在汶川地震、北京“7·21”暴雨、深圳“12·22”滑坡、天津港“8·12”爆炸、九寨沟地震、尼泊尔地震、山东寿光抗洪抢险、金沙江堰塞湖抢险等突发事件处置，以及北京奥运会、上海世博会、广州亚运会、“9·3”阅兵、APEC 会议、G20 杭州峰会、东盟会议、厦门金砖会晤、北京世园会、新中国成立 70 周年、武汉军运会等重大活动中得到应用。

带动国内其他分支机构发展。北京市安全应急产业的发展，在全国的安全应急产业布局中占有重要位置，产业高端研发、产学研协同创新的特色较为明显，拥有一批高端科研机构和一批实力雄厚的大型企业集团、专业特色突出的安全应急企业。以此为基础，北京市安全应急产业向国内其他区域和领域进行辐射和带动，建立了大量分支机构，如清华大学公共安全研究院在安徽省合肥市建立了合肥院；作为区域性研究院，辰安科技在安徽省 20 余家城市建立了城市安全业务团队。

在全国多地筹办大型展会与论坛。北京市在安全应急领域有丰富的科技资源、产业资源和强大的专家队伍，同时对国家部委的安全应急政策等掌握得也相对比较及时，一些地方政府在推介自身安全应急产业发展的过程中，也会借助北京市的科技、产业资源，快速形成行业影响力。近年来国内一些有影响力的展会、研讨会、技术交流会等，很多都是由在京团队策划和主导的，这在推动地方安全应急产业发展的过程中发挥了积极的促进作用。

3.2.5 产业信息化、智能化水平高

北京市安全与应急相关重点企业的技术和产品信息化、智能化程度高。信

息化和智能化是安全应急产业发展的重要趋势，北京市作为全国的电子信息产业发展高地，提升产业信息化和智能化水平具有得天独厚的优势。

在产品信息化、智能化方面，国家和北京市的科技攻关项目，形成了一批信息化、智能化突出的产品和原型机，特别是在救援处置、监测预警等领域，形成了一批信息化、智能化的产品，包括各类无人船、无人车、无人机、运输机器人、消防机器人等。在监测预警领域，包括中国测绘院、中科院遥感所、中国安全生产科学研究院、超图、北斗等单位，都有大量先进的信息化、智能化产品。例如中国测绘院自主研发了一体化综合减灾智能服务系统，目前已经升级到了第二代，集成了室内外定位导航软件系统、应急组网定位系统、三维场景建模与可视化系统、应急自适应快速制图系统、灾害模型分析系统、互联网应急数据挖掘与分析系统，实现了基础地理信息服务、应急专题信息服务、灾情定位感知服务、综合智能减灾服务、综合应急知识服务等功能模块，初步实现了室内外一体化无缝定位、三维场景可视化展示、二三维场景可视化及转换、地图展示和专题地图构建、典型灾害模型分析、应急预案推演和主动推送服务等功能，为新冠疫情、火灾、洪水、山体滑坡等灾害监测提供了数十次应急服务。中国安全生产科学研究院及其下属的企业中安国泰在山体滑坡、安全生产监测方面有大量信息化产品，有代表性的成果包括各种边坡雷达等。除了硬件信息化和智能化以外，该公司还提供边坡监测云服务，其所有部署在工作现场的边坡雷达，每天产生 30~80 千兆字节的数据，包含滑坡变形、温度、湿度、风速、视频等多种类型，通过现场的采集软件上传至边坡雷达监测预警云平台，在北京市驻地的中国安全生产科学研究院全国边坡雷达监测预警云计算处理中心，技术人员可以随时检查设备工作状态，并在边坡雷达设备触发初期预警或滑坡灾害应急响应时，快速召集雷达、矿山和地质相关专家进行监测数据的深度分析，提供 48 小时临滑预报，为滑坡监测和预报提供更加准确、可靠的远程技术服务。

在服务信息化、智能化方面，北京市企业所形成的应急指挥系统、安全应急预案、安全应急现场指挥方案、安全应急科教培训等，都凝聚了大量信息化和智能化元素，以前做这些服务的企业，近年来也都加大了在信息化、智能化方面的投入。目前北京市企业做的警务监测系统，在人脸识别的基础上，融合了大数据和人工智能技术，大幅提升了警务人员办案效率。在应急指挥系统领域，新兴际华在进行现场指挥系统的探索与开发，并瞄准基层应急管理部门提供科技服务。在安全应急科教培训方面，一些信息化、智能化的展示设备，包括全息投影、远程 VR 等手段也在北京市的市场有了应用，一些信息化、智能化的安全应急教学道具产品也得到了开发，突出的包括首钢安全实训基地等，如图 3-2 所示。

图 3-2　首钢安全实训基地一角

3.3　产业发展瓶颈及制约因素

3.3.1　产品对外展示深度不够

安全应急产品的根本价值在于实战，实战需要首台套应用。北京市缺少关于安全应急产品的展销平台和试验验证平台。广东省、湖北省、浙江省、山东省等地都有城市在开展相关工作。北京市作为安全应急产业发展的科技高地，应该建立一个对外展示的窗口，常年运行，为安全应急科技产品示范应用、销售等提供便利。具体而言，可参考珠海航展的形式，每年进行产品展览展示，既可以发展展览经济，也有利于安全应急高科技新产品形成影响力，特别是动态展示方面，对建立用户的使用信心非常重要。

3.3.2　首都产业疏解导致实体比例下降

北京市安全应急产业实体部分不足，受首都产业疏解政策的影响，安全应急产业的制造环节逐渐被疏解出北京市，从产业承接来看，一些占地规模大的制造环节，也很难在北京市落地。北京市房山区燕山组团，这两年筹划与河北省的安全应急产业示范基地合作分工，拟把生产制造放在外地，探索产业协同发展之道。事实上，在安全应急产业领域，北京市很多企业生产的产品是高技术产品，包含大量新材料、新工艺和信息化应用等，促进行业可持续发展需要综合考虑相关实体企业的发展需求。

3.3.3 产业发展管理需要建立长效机制

安全与应急产业兼具公益和盈利性特征，如何达到二者间的平衡，尚需在体制机制上不断探索。作为国内各地存在的共性现象，产业发展管理还有待进一步深入，相关产业发展与治理机制研究也需进一步加强。一是需要建立行业统计与长期发展跟踪机制。行业界定自工信部相关政策发布后，越来越清晰，但是受行业特点影响，核心业务与非核心业务并没有清晰的界限，也缺乏对二者长期跟踪统计，需要加强对细分领域的分类分业管理。二是园区发展受政策影响大，安全应急产业细分领域经济效益差距较大，园区发展安全应急产业想要获得长期高回报比较难。一些企业发展安全应急产业有短视心态，园区产业政策需要长期一贯支持。安全应急产业巨大的社会效益需要政策推动使之经济化、资本化。

3.3.4 产业链建设工作滞后

目前为应对国外断链脱钩和“卡脖子”问题，很多行业都在开展产业链共链和链长建设行动，借以打造产业生态系统，形成大中小企业协同发展、高质量发展的局面。北京市安全应急产业链建设工作比较滞后，作为国内安全应急产业发展的排头兵，以知名高校院所、龙头企业为带动的产业链建设尚未开始，业内一大批需要补短板、锻长板的工作没有梳理，缺乏整体规划，造成各个企业单打独斗，整体上北京市没有产业链相关的产业五年规划或者三年行动计划等。

4　北京市安全应急产业重点领域发展情况

4.1　总体概况

北京市安全应急产业门类齐全，涉及预防防护、监测预警、救援处置与安全应急服务4个领域，实现了全产业链覆盖。其中，监测预警领域和救援处置领域优势较为明显，预防防护和安全应急服务领域优势相对较弱。据《北京市重点安全与应急企业及产品目录（2021年版）》统计，北京市拥有重点企业156家，重点产品及服务435种。从企业数量来看，预防防护类重点企业15家，监测预警类重点企业47家，救援处置类重点企业71家，安全应急服务类重点企业21家，综合类企业2家。从产品数量来看，预防防护类重点产品44种，监测预警类重点产品99种，救援处置类重点产品225种，安全应急服务类重点产品67种。从区域分布来看，海淀区50家，朝阳区25家，丰台区17家，大兴区15家，昌平区9家，房山区8家，西城区7家，通州区6家，平谷区5家，东城区4家，顺义区4家，密云区3家，怀柔区2家，延庆区1家。北京市安全应急企业实力雄厚，8家企业入选《首批国家应急产业重点联系企业名单》，占比约27%。北京华泰诺安探测技术有限公司、北京北分瑞利分析仪器（集团）有限责任公司、北京勤邦生物技术有限公司、北京辰安科技股份有限公司、北京市科瑞讯科技发展股份有限公司和大唐移动通信设备有限公司6家企业属于监测预警领域，新兴重工集团有限公司和北京森根比亚生物工程技术有限公司属于救援处置领域，这也表明监测预警和救援处置是北京市安全应急产业的强势领域。

从供给侧来看，北京市在监测预警和救援处置两个领域供给较为充足，在预防防护和安全应急服务两个领域形成了特色子领域。预防防护领域在个体防护和设备设施防护两个子领域发展比较充分，但整个领域尚未形成完整的产品体系。监测预警领域形成了比较完整的产品体系，拥有一大批骨干企业、领军企业，拥有一批自主创新技术，形成了强大的竞争力，成为北京市安全应急产业链的中坚力量。救援处置领域在现场保障、抢险救援和生命救护等子领域形成了竞争优势，整个领域的产品体系较为健全，骨干企业数量较多。安全应急服务领域总体竞争力较弱，且子领域之间发展不均衡，事前预防服务和救援培训服务成效较为显著。

从需求侧来看，四大领域均有需求，但需求点各有侧重。预防防护领域需要在巩固已有优势的基础上，扩大领域规模，构建完整的产品体系，着重服务政治中心建设和国际交往中心建设，以智能化提升一线救灾人员的防护装备性能。监测预警领域需要融合发展优势，紧密结合北京市高精尖产业发展方向，依托新一代信息技术、区块链与先进计算、智慧城市等产业，以先进技术赋能先进产品研发，提升监测预警能力，助力北京市智慧应急能力提升，在面对核污染等全球性挑战时，需要进一步提升放射性物质监测能力和核辐射监测能力。救援处置领域需要与智能制造与装备产业紧密结合，走智能制造之路，应对疏解政策带来的产业迁移困境。安全应急服务领域在追求全面发展、融合发展的同时，需要加大智库发展力度来抢占行业制高点。

总体而言，北京市安全应急产业的现有供给与需求尚未实现真正意义上的平衡。一是供需不能精准匹配。现有供给尚不能满足北京市的防灾减灾救灾需求，且这一需求的敞口将随着“四个中心”的建设进一步加大；一些领域骨干企业的数量不足，市场活力有待进一步释放；现有产品也存在产品质量不佳、技术含金量较低、使用效果不明显等问题，导致无效供给增加。二是存在供给真空地带。在子领域上尚未实现全覆盖，在一些救灾过程中的关键环节缺失对应的应急产品，在具有实战价值的高精尖产品研发上仍需继续投入。三是部分产品存在同质化竞争。同质竞争造成资源浪费，产品缺乏特色，不能很好满足客户需求，企业发展也不能形成差异化优势。四是救援处置领域的供需存在时滞问题。制造类企业迁移导致部分救援处置装备产能储备不足，当突发事件发生时需要从天津市、河北省等周边地区调用装备，增加救灾时间成本。

关键挑战在于如何提供有效供给。为了达到供需匹配的目的，需要从存量与增量两方面入手。一是要优化现有供给存量。对部分不能满足市场需求的产品及服务进行迭代升级，通过需求倒逼产品服务提质创新。二是要创造有效增量。聚焦首都典型灾害，诊断灾害救援技术水平，调查现有产品的供给情况，针对应急空白领域研发真正能解决问题的产品，瞄准典型应急场景的核心问题，掌握关键技术，研发核心产品。倾力打造行业高端智库，打磨智库核心产品，产出一批高端成果，提升行业现状把握能力、行业态势预判能力、行业规则制定能力、行业政策参谋能力和行业发展引领能力。

4.2 预防防护领域

从供给侧来看，北京市预防防护领域主要集中在个体防护和设备设施防护两个方向。个体防护子领域发展基础较好，优势较为明显，代表性企业包括际华集团股份有限公司（以下简称际华股份）、北京安氧特科技有限公司（以下简称安氧特）和北京同益中新材料科技股份有限公司等。际华股份研发了医用口罩、医用一次性防护服、医用隔离鞋套等系列产品，打造了际华防护医用防护品牌，在助力抗击新冠肺炎疫情时发挥了重要作用，此外，还研发了19式森林灭火作战防护靴、抢险救援靴等产品，培育了际华防护工业防护品牌。安氧特研发了化学氧消防自救呼吸器、正压式氧气呼吸器、隔绝式化学氧作业呼吸器等系列产品，在制氧技术方面优势明显。北京同益中新材料科技股份有限公司研发了防弹头盔、防弹衣等产品。从创新能力来看，北京普凡防护科技有限公司和北京同益中新材料科技股份有限公司均为专精特新“小巨人”企业。设备设施防护子领域也具有一定特色。北京市在社会公共安全防范方面形成了一定特色，具有代表性的企业为同方威视技术股份有限公司（以下简称同方威视）。同方威视研发了背散射、毫米波、太赫兹等人体安检设备，领跑人体安检领域，具有国际竞争力。北京市安全应急预防防护领域重点企业初具规模，基本情况见表4-1。

表4-1 北京市安全应急预防防护领域重点企业

序号	企业名称	企业性质	企业资质
1	际华集团股份有限公司	国企	2家国家企业技术中心分中心、2家国家工业设计中心
2	北京英特莱科技有限公司	民企	科技型中小企业（2023）
3	北京同益中新材料科技股份有限公司	国企	专精特新小巨人、企业技术中心
4	北京安氧特科技有限公司	民企	高新技术企业（2022）、科技型中小企业（2023）
5	北京红立方医疗设备有限公司	民企	高新技术企业（2022）、科技型中小企业（2023）、专精特新中小企业
6	北京普凡防护科技有限公司	民企	专精特新小巨人

表4-1(续)

序号	企业名称	企业性质	企业资质
7	轩维技术（北京）有限公司	民企	—
8	北京京兰非织造布有限公司	国企	高新技术企业（2021）、科技型中小企业（2022）
9	北京中燕建设工程有限公司	国企	高新技术企业（2021）
10	同方威视技术股份有限公司	国企	国家技术创新示范企业、制造业单项冠军示范企业、北京市“隐形冠军”企业

从需求侧来看，预防防护是亟须做强的领域之一。从企业数量来看，预防防护领域企业数量相对较少，领军型企业数量也相对较少。从产品体系来看，火灾防护和其他防护产品涉及较少，科技含量较高的代表产品较少，尚未形成完善的产品体系。从预防防护实际需求来看，北京市在火灾、洪涝、危险化学品等方面仍有较大需求；随着政治中心和国际交往中心建设工作的推进，对安全的要求将越来越高，大型活动将越来越多，对社会公共安全防范品的需求也将增加；生态环境建设是北京市可持续发展的重要主题，灾害事故对生态环境会造成破坏与影响，重要生态环境安全防护产品的需求也将增加。从救灾实战来看，一线救灾人员也呼唤性能更加良好的防护装备，无论是企业还是产品，均有广阔的发展空间与市场需求。从发展趋势来看，需要进一步巩固个体防护和设备设施防护的优势，与此同时拓展火灾防护等其他子领域，构建比较完整的预防防护产品体系，培育一批各子领域的领军企业，打牢领域发展基础。

4.3　监测预警领域

从供给侧来看，监测预警领域作为北京市的优势领域，培育了一批骨干企业，产出了一批高精尖安全应急产品，为首都安全应急产业发展提供了重要动力。北京市安全应急监测预警领域重点企业数量较多，基本情况见表4-2。北京辰安科技股份有限公司在城市生命线领域持续发力，研发了城市生命线工程安全运行监测系统，成为该领域的领跑企业。同方威视在爆炸物违禁品探测、货物及车辆成像检查、行李及包裹成像检查等领域形成了系统性解决方案，形成了安检领域的核心竞争力，在全球排名中位居前列。同方威视研发的CX65120D型X射线安全检查系统、WAS100放射性废物检测及分拣装置、Kylin Care防疫安检卫士等10项产品入选2023年度第一批北京市新技术新产品（服务）名单。太极股份在公共安全数字化领域深耕，研发了应急平台综合应用系统、应急一张图、突发事件报送系统、应急广播调控平台、应急广播全 IP 一体机等系列化产品。北京勤邦生物技术有限公司研发了食品安全快速检测产品与实验室检测解决方案，KB16001K 霜霉威残留检测试纸条、KB14601K 烯酰吗啉残留检测试纸条等 6 项产品入选 2023 年度第一批北京市新技术新产品（服务）名单。北京国电高科科技有限公司基于自身卫星物联网优势，研发了天启物联网应急求救终端、天启卫星物联网行业应用系统等产品。北京北斗星通导航技术股份有限公司基于卫星导航产业优势和技术优势，研发了北斗山洪灾害预警解决方案。

表 4–2　北京市安全应急监测预警领域重点企业

序号	企业名称	企业性质	企业资质
1	北京辰安科技股份有限公司	上市公司	国家科学技术进步一、二等奖
2	北分瑞利分析仪器（集团）有限责任公司	国企	高新技术企业（2021）、科技型中小企业（2022）
3	北京勤邦生物技术有限公司	民企	专精特新小巨人、科技型中小企业（2023）、专精特新中小企业
4	北京安赛克科技有限公司	民企	高新技术企业
5	同方威视技术股份有限公司	国企	国家技术创新示范企业、北京市“隐形冠军”企业、制造业单项冠军示范企业
6	北京华胜天成科技股份有限公司	上市公司	国家技术创新示范企业
7	大唐电信科技股份有限公司	国企、上市公司	国家技术创新示范企业
8	北京云庐科技有限公司	民企	科技型中小企业（2023）、专精特新中小企业
9	北京燕山时代仪表有限公司	民企	高新技术企业（2021）、科技型中小企业（2022）
10	中安国泰（北京）科技发展有限公司	国企	科技型中小企业（2023）
11	北京中科核安科技有限公司	民企	高新技术企业（2021）、科技型中小企业（2023）、专精特新中小企业
12	北京人人平安科技有限公司	民企	科技型中小企业（2023）

表4-2(续)

序号	企业名称	企业性质	企业资质
13	北京睿芯高通量科技有限公司	民企	科技型中小企业（2022）、专精特新中小企业
14	北京北斗星通导航技术股份有限公司	上市公司	北京市“隐形冠军”企业
15	中科星图股份有限公司	上市公司	高新技术企业（2021）、企业技术中心、北京市“隐形冠军”企业
16	奇安信科技集团股份有限公司	上市公司	北京市“隐形冠军”企业、企业技术中心
17	太极计算机股份有限公司	国企、上市公司	国家规划布局内重点软件企业、高新技术企业认定证书
18	北京中盾安民分析技术有限公司	国企	专精特新中小企业
19	北京航天长峰股份有限公司	上市公司	全国科技系统抗击新冠肺炎疫情先进集体
20	中电科光电科技有限公司	国企	具备全系列的军工准入资质（军工四证）、武器装备科研生产单位保密资格认证（一级）
21	正元地理信息集团股份有限公司	国企、上市公司	高新技术企业（2022）、企业技术中心
22	中国华云气象科技集团有限公司	国企	高新技术企业
23	东方哨兵（北京）科技有限公司	民企	高新技术企业（2021）、科技型中小企业（2023）
24	中矿华安能源科技（北京）有限公司	民企	高新技术企业（2021）
25	北京中电拓方科技股份有限公司	民企	高新技术企业（2021）、专精特新中小企业、科技型中小企业（2022）、企业技术中心
26	北京玖典科技发展有限公司	民企	科技型中小企业（2022）、高新技术企业（2021）
27	北京国电高科科技有限公司	民企	独角兽企业、专精特新小巨人、科技型中小企业（2021）、高新技术企业（2021）
28	国科瀚海激光科技（北京）有限公司	民企	科技型中小企业（2022）

表4-2(续)

序号	企业名称	企业性质	企业资质
29	北京普析通用仪器有限责任公司	民企	专精特新中小企业
30	鼎桥通信技术有限公司	民企（台港澳法人独资）	高新技术企业（2021）
31	中国国检测试控股集团股份有限公司	国企、上市公司	高新技术企业、2014年科技创新型企业
32	中国中煤能源集团有限公司	国企	危险化学品煤炭安全生产许可证
33	北京中关村智连安全科学研究院有限公司	民企	高新技术企业（2021）、科技型中小企业（2023）
34	北京思路智园科技有限公司	民企	高新技术企业（2021）、科技型中小企业（2023）、专精特新中小企业
35	北京星度科技有限公司	民企	高新技术企业（2022）、科技型中小企业（2022）

监测预警领域创新能力突出。中国中煤能源集团有限公司牵头申报的矿山安全生产智能监测预警系统、北京中关村智连安全科学研究院有限公司牵头申报的地质灾害安全态势天地感知网、中安国泰（北京）科技发展有限公司牵头申报的北京市山区地质灾害物联网综合防灾示范工程和北京思路智园科技有限公司牵头申报的危险化学品安全生产智能监测预警系统等项目成功入选工信部、国家发改委、科技部和应急管理部联合发布的《第一批“2021年安全应急装备应用试点示范工程”候选项目名单》。

从需求侧来看，北京市在监测预警领域的旺盛需求，倒逼领域优化升级。作为首都，在安全应急突发事件处理方面需要实现关口前移，将突发事件遏制于萌芽中，这就需要在风险识别阶段和监测预警阶段全方位提升防控能力。监测预警能力的提升离不开监测预警领域的发展，监测预警技术、监测预警产品和监测预警企业的蓬勃发展方能助力监测预警领域的培育。就具体需求而言，火灾监测预警、洪涝监测预警、地震地质监测预警、气象监测预警、市政管网监测预警、重大活动监测预警等需求仍然较大。作为超大城市，要实现突发事件源头治理、及时响应，将灾害损失降到最低，监测预警已经成为刚需。从发展环境来看，监测预警领域具备良好的生存土壤。北京市科技创新资源富集，高校院所林立，为监测预警发展奠定了良好的科研基础和创新基础。北京市高精尖产业密集，新一代信息技术、医药健康、集成电路、智能网联汽车、智能制造与装备、区块链与先进计算、科技服务和智慧城市等高精尖产业的布局与推进，为监测预警领域融合发展提供了广阔的空间，营造了良好的融合发展生态环境。作为优势领域，监测预警具有比较完备的产品体系，但是需要在高精尖产品上下功夫，通过技术赋能现有产品迭代升级，从而提升整个领域的科技创新能力。

4.4 救援处置领域

从供给侧来看，北京市救援处置领域供给较为充足，各子领域发展比较充分，现场保障、抢险救援和生命救护子领域优势明显。北京市安全应急救援处置领域重点企业数量较多，基本情况见表4-3。现场保障子领域主要集中在应急通信、应急指挥和后勤保障等方面。在应急指挥方面，北京佳讯飞鸿电气股份有限公司研发了MDS6800多媒体调度通信系统、MCS6800无线宽带集群系统、eFH-V088应急通信系统、ETS3600应急电话系统、MDS3400调度通信系统等产品，形成了比较完备的应急指挥产业链。北京市科瑞讯科技发展股份有限公司研发了应急指挥信息系统、综合指挥调度系统、移动指挥系统等产品，其产品在服务北京市公安局、消防救援总队应急无线宽带专网通信平台建设方面取得成效。大唐移动通信设备有限公司研发了应急指挥调度业务平台。恒宇北斗（北京）科技发展股份有限公司研发了便携式机载北斗双模定位一体机、北斗地面指挥机、航空调度平台系统等产品。在应急电源方面，北京市联创立源科技有限公司研发了BA-DYX-500便携式太阳能应急电源箱、BA-DY-D15应急电源等产品。抢险救援子领域主要集中在消防救援、危险化学品救援、水域救援和航空救援等方面。在消防救援方面，新兴际华应急产业有限公司研发了大型石油石化火灾成套装备系列产品、城市消防系列产品和森林消防系列产品。北京凌天智能装备集团股份有限公司研发了森林隔离带开辟灭火机器人、高压森林消防泵、车载重型高压森林消防泵等产品。在危险化学品救援方面，北京诚志北分机电技术有限公司研发了履带式危险化学品洗消应急处置车、危险化学品事故洗消应急处置车等产品。在水域救援方面，北京凌天智能装备集团股份有限公司研发了排涝破拆一体化机器人、水上救生遥控机器人、无线遥控智能动力救生圈、分布集散式排涝机器人系统等系列产品。在航空救援方面，北京航景创新科技有限公司独具特色，研发了FWH-300型无人直升机、

FWH-1000型无人直升机、FWH-1500型无人直升机、FWX-402系留多旋翼无人机等产品，形成了系统性航空救援解决方案。生命救护子领域主要集中在医疗应急救治、卫生应急保障等方面。在医疗应急救治方面，北京科兴生物制品有限公司研发了新型冠状病毒灭活疫苗——克尔来福®。京东方科技集团股份有限公司研发了智慧急救解决方案。在卫生应急保障方面，北京洗得宝消毒制品有限公司研发了医疗器械、手卫生、皮肤黏膜和物表环境等消毒产品，形成了比较完整的产品生态。

表4-3 北京市安全应急救援处置领域重点企业

序号	企业名称	企业性质	企业资质
1	新兴际华应急产业有限公司	国企	—
2	北京森根比亚生物工程技术有限公司	民企	北京市高新技术企业
3	北京华泰诺安探测技术有限公司	民企	高新技术企业（2022）、专精特新中小企业
4	大唐移动通信设备有限公司	国企	技术创新示范企业
5	北京市科瑞讯科技发展股份有限公司	民企	—
6	北京佳讯飞鸿电气股份有限公司	上市公司	专精特新小巨人、第二批全国“质量标杆”企业（2013）
7	中船海丰航空科技有限公司	国企	—
8	北京动力源科技股份有限公司	上市公司	专精特新中小企业
9	北京市联创立源科技有限公司	民企	高新技术企业（2022）、科技型中小企业（2021）
10	北京燕阳新材料技术发展有限公司	国企	高新技术企业（2021）
11	北京凌天智能装备集团股份有限公司	民企	专精特新小巨人、科技型中小企业（2023）
12	北方天途航空技术发展（北京）有限公司	民企	高新技术企业（2022）、专精特新中小企业、科技型中小企业（2022）
13	北京市软银科技开发有限责任公司	民企	高新技术企业（2021）、科技型中小企业（2022）
14	北京星际安讯科技有限公司	民企	高新技术企业（2022）、科技型中小企业（2023）

表4-3（续）

序号	企业名称	企业性质	企业资质
15	北京诚志北分机电技术有限公司	民企	高新技术企业（2022）、科技型中小企业（2022）
16	北京九天利建信息技术股份有限公司	民企	高新技术企业（2021）
17	北京科兴生物制品有限公司	民企	中国疫苗行业协会会员
18	京东方科技集团股份有限公司	上市公司	国家技术创新示范企业、制造业单项冠军示范企业
19	北京碧水源科技股份有限公司	国企、上市公司	单项冠军产品（组合式污水处理设备）
20	北京航景创新科技有限公司	民企	科技型中小企业（2023）、专精特新中小企业
21	恒宇北斗（北京）科技发展股份有限公司	民企	科技型中小企业（2023）、高新技术企业（2022）
22	北京微纳星空科技有限公司	民企	高新技术企业（2021）、专精特新中小企业、科技型中小企业（2021）
23	北京航睿智新科技有限公司	民企	—
24	中科九度（北京）空间信息技术有限责任公司	民企	高新技术企业（2021）、科技型中小企业（2022）
25	北京蓝卫通科技有限公司	民企	专精特新中小企业
26	北京三兴汽车有限公司	国企	高新技术企业（2022）
27	中安财富（北京）国际科技有限公司	民企	高新技术企业（2021）、科技型中小企业（2022）
28	亿江（北京）科技发展有限公司	民企	高新技术企业（2022）、科技型中小企业（2022）、专精特新中小企业
29	北京东土科技股份有限公司	上市公司	高新技术企业、制造业单项冠军示范企业、企业技术中心
30	北京中电创融（北京）电子科技有限公司	民企	—
31	北京华力创通科技股份有限公司	民企	高新技术企业
32	北京智行者科技股份有限公司	民企	高新技术企业（2022）、专精特新小巨人
33	北京方鸿智能科技有限公司	国企	高新技术企业（2021）、科技型中小企业（2023）、专精特新中小企业
34	北京威业源生物科技有限公司	民企	中关村高新技术企业
35	北京合众思壮科技股份有限公司	上市公司	2019 中国地理信息产业百强企业、中关村国家自主创新示范区创新型企业

表4-3(续)

序号	企业名称	企业性质	企业资质
36	北京谊安医疗系统股份有限公司	民企	专精特新中小企业
37	北京北广科技股份有限公司	国企	高新技术企业（2021）、专精特新中小企业
38	北京管通科技开发有限责任公司	民企	科技型中小企业（2023）
39	北京洗得宝消毒制品有限公司	民企	科技型中小企业（2023）、高新技术企业（2022）
40	北京援速消防技术有限公司	民企	高新技术企业（2021）、科技型中小企业（2023）
41	北京北电科林电子有限公司	国企	企业技术中心
42	北京九州尚阳科技有限公司	民企	科技型中小企业（2023）、高新技术企业
43	北京爱科迪通信技术股份有限公司	民企	科技型中小企业（2023）、高新技术企业（2021）、专精特新中小企业

从需求侧来看，由于产业疏解政策的影响，北京市应急救援需求将继续增大。一方面是产业疏解政策带来的制造类救援处置企业的逐步迁出。在实际救灾过程中，应急救援装备是硬通货，同时，还需要考虑应急响应时间这一因素，如果本地没有足够的产能储备，那么当灾害发生时就无法及时响应，从而将影响救灾效率与效果。救援处置需求与实际产业布局之间的差距，是有待克服的挑战。另一方面是应急救援类产品需求的日益增加，这取决于城市安全应急的现实要求。北京长峰医院火灾、2023 年北京市特大暴雨等突发事件表明，灾害救援处置能力是关键支撑。救援处置整个领域的发展水平较高，但是就北京市的实际需求而言，高层灭火、洪涝救援等薄弱环节，仍然存在技术短板。值得注意的是，生命救护子领域具有良好发展前景。一是依托医药健康这一万亿级产业，在创新药和医疗器械上精准发力。二是与“十四五”时期健康北京建设紧密结合，参与打造具有首都特色的公共卫生体系。简而言之，今后仍需重视救援处置能力的提升，救援处置类企业的培育，以及救援处置产品的研发。智能制造与装备产业的发展，为救援处置装备的升级提供了机遇窗口，《北京市“十四五”时期高精尖产业发展规划》中明确支持发展智能制造与装备这一特色优势产业，在智能专用装备建设方面提出要支持“开发新型应急指挥通信、特种交通应急保障、专用紧急医学救援、自然灾害监测预警、信息

获取与抢险救援等应急装备”。救援处置装备优化升级应该抓住这一宝贵机遇，顺应大趋势走高精尖之路，寻找产业疏解挑战的破局点。

4.5 安全应急服务

从供给侧来看，北京市安全应急服务在智库建设、专业会展、风险评估、事前预防、测绘保障和应急救援培训方面均有涉及，服务类型呈现多元化趋势。北京市安全应急服务重点企业初具规模，基本情况见表4-4。在智库建设方面，新兴际华应急研究总院致力于成为国内一流的应急产业智库，作为央企首家应急研究总院，在应急管理咨询、应急物资保障、应急培训演练和应急产业服务四大领域打造样板工程，依托新兴际华安全应急产业先发优势打造核心竞争力。作为应急救援装备产业技术创新战略联盟秘书处依托单位，新兴际华应急研究总院在联盟协同创新、物资产能保障和产业服务平台建设方面作出了贡献，在安全应急产业生态建设方面发挥着积极作用。在专业会展方面，北京朗泰华科技发展中心有限责任公司多次主办国际安全和应急博览会，树立了良好的行业口碑，该展会成为了业内最具权威性和代表性的展会之一。在风险评估方面，中国电建水电水利规划设计总院参与第一次全国自然灾害综合风险普查。北京国信安科技术有限公司可提供安全评价及风险评估等服务。在事前预防方面，咸亨国际应急科技研究院（北京）有限公司研发了应急模拟演练系统和情景演练系统等产品。北京百分点科技集团股份有限公司研发了数字化应急预案智能应用系统、应急知识库系统和预案演练系统等产品。北京联创众升科技有限公司研发了国家应急管理案例库、智能预案编制系统、情景模拟应急演练系统等产品。北京华成经纬软件科技有限公司研发了基于分子动力学粒子法的应急疏散仿真系统。在测绘保障方面，北京超图软件股份有限公司研发了CIS 地理测绘平台及系统化解决方案，超图云 GIS 应用服务器平台（SuperMap iServer 9D）V9 入选第十一批北京市新技术新产品（服务）名单。在应急救援培训方面，国仁应急救援咨询服务有限公司可提供综合应急救援体验式培训服务。北京身临其境文化股份有限公司可提供防震减灾、消防安全、中小学安全教育等培训服务。北京森霖木教育科技股份有限公司可提供安全体验教育培训服务。北京众仁达人力资源管理有限公司可提供紧急救护课程、应急队伍能力建设培训等服务。

从需求侧来看，北京市对安全应急服务的需求较高，急需高端产业智库。

从产业链视角来看，安全应急服务是北京市全产业链建设的重要一环，做强安全应急服务板块对于安全应急全产业链建设具有重要意义。从价值链视角来看，安全应急服务作为高附加值板块，可以提高整个安全应急产业的经济附加值。从融合链来看，安全应急服务可以和其他三大板块充分融合，形成板块之间的协同效应，通过技术、产品与服务的整合生成一站式解决方案，创造融合价值。目前，北京市安全应急服务板块在四大领域中竞争力相对较弱，需要进一步挖掘其市场潜力。北京市安全应急产业的发展壮大离不开智库力量的理念创新、思想引领和方向参谋，安全应急产业智库数量较少，需要进一步壮大智库力量，尤其需要进一步支持企业型安全应急产业智库发展；安全应急展会举办场次较多，但需要进一步打造具有权威性、代表性的行业标杆型展会，全方位、多角度展示行业实力；事前预防服务整体实力较强，与当代先进技术融合比较充分，一定程度上体现了安全应急服务的发展趋势；在应急救援培训方面，以在京培训基地作为支撑，构建与北京市相适应的典型灾害场景，结合虚拟现实等前沿技术，提供类型更加多元的救援培训服务，同时加大专业市场和大众市场的开拓力度。

表4-4　北京市安全应急服务重点企业

序号	企业名称	企业性质	企业资质
1	新兴际华科技集团有限公司	国企	高新技术企业
2	煤炭科学技术研究院有限公司	国企	地质灾害防治单位资质证书-勘查-甲级、地质灾害防治单位资质证书-设计-甲级、地质灾害防治单位资质证书-施工-甲级、地质灾害防治单位资质证书-危险性评估-甲级
3	中国煤炭地质总局	国企	煤炭、化工资源勘查及煤炭、化工地质单位的行业管理机构
4	中国电建水电水利规划设计总院	国企	高新技术企业、中关村高新技术企业
5	北京朗泰华科技发展中心有限责任公司	国企	应急管理部国际交流合作中心控股企业
6	北京森霖木教育科技股份有限公司	民企	高新技术企业（2021）
7	北京超图软件股份有限公司	上市公司	全球第二大、亚洲最大的地理信息系统（GIS）软件厂商、“中国软件百强企业”、“中国地理信息产业百强企业”、中国上市公司科技创新百强企业

表4-4（续）

序号	企业名称	企业性质	企业资质
8	北京华彬天星通用航空股份有限公司	民企	华北地区最大的塞斯纳、罗宾逊、贝尔直升机交付中心、AOPA-China北京会员活动中心——密云机场
9	咸亨国际应急科技研究院（北京）有限公司	民企	高新技术企业（2021）、科技型中小企业（2023）
10	北京联创众升科技有限公司	民企	高新技术企业（2021）、科技型中小企业（2023）
11	北京华成经纬软件科技有限公司	民企	科技型中小企业（2023）
12	北京众仁达人力资源管理有限公司	民企	中国医学救援协会保险分会发起单位
13	北京身临其境文化股份有限公司	民企	高新技术企业
14	北京百分点科技集团股份有限公司	民企	高新技术企业（2021）
15	国仁应急救援咨询服务有限公司	民企	—
16	北京国信安科技术有限公司	国企	高新技术企业（2021）、科技型中小企业（2023）
17	富盛科技股份有限公司	民企	企业技术中心
18	化学工业出版社有限公司	国企	国家一级出版社、中国出版政府奖“先进出版单位”奖

5 北京市安全应急产业资源

5.1 总体概况

从供给侧来看，北京市安全应急产业资源丰富，科技创新能力突出，检验检测能力较强，行业组织力量强大，救援能力比较突出。北京市拥有大批顶尖高校院所，拥有一批颇具特色的检验检测机构、全国性权威行业组织和国家级专业救援队伍。在高校院所方面，形成了矿山安全、城市安全等优势领域，培育了安全科学与工程这一王牌学科，坐拥一批重量级科技创新平台，产业化能力不断强化，探索出了自主转化、合作转化等比较成熟的成果转化模式，孵化出了一批行业标杆企业。在检验检测机构方面，形成了企业主导和事业单位主导两类检测机构，在军需物资、个人防护装备、矿山安全等领域形成了竞争优势。在行业组织方面，拥有创新联盟、行业协会和行业学会三大类组织，拥有一批全国性行业组织，在资源整合、行业交流、产业引领等方面发挥了重要作用。在救援队伍方面，拥有一批国家级救援队伍，并在洪涝救援、矿山救援、危险化学品救援等领域形成了竞争力，这批救援队伍在历次突发事件救援行动中扮演着重要角色，在救援中充分展示了队伍的专业能力、装备的实战效果、方案的科学合理，以专业水准和高精尖技术服务安全格局。

从需求侧来看，资源的丰富性需要进一步匹配需求的多元性。就高校院所而言，需要立足京津冀安全应急产业发展格局，进一步优化资源配置，强化拓展优势领域，培育更多安全应急王牌学科，高效使用科研创新平台，持续提升产业化能力，大力培养安全应急高端人才。就检验检测机构而言，需要以标准化为检验检测提供导航系统，以市场化为检验检测提供动力引擎，以场景化为检验检测提供创新平台。就行业组织而言，需要通过实体化提升产业创新联盟的战斗力，通过设立安全应急产业专委会提升行业协会的穿透力，通过助力安全应急产业学科体系建设展示行业学会的影响力。就救援队伍而言，需要增加队伍数量，扩大领域覆盖范围，提升装备质量，促进队伍、领域、技术一体化发展。

总的来说，北京市的高校院所资源能够在满足自身需求的同时支持京津冀协同发展，检验检测资源尚不能满足北京市的实际需求，行业组织资源基本能够满足自身需求，救援队伍资源不能完全满足北京市的抢险救援需求。未来，针对高校院所资源，要发挥其溢出效应，推动京津冀整体科技创新水平提升；针对检验检测资源、救援队伍资源，需要对其进行大力培育，以提升其检验检测能力和抢险救援能力；针对行业组织资源，要对其进一步整合，从安全应急领域聚焦到安全应急产业本身，充分释放安全应急市场的巨大力量。

5.2 高校院所

5.2.1 供给侧分析

从供给侧来看，北京市安全应急相关的顶尖高校院所云集，科研实力雄厚。根据《北京市应急管理领域科技工作手册》统计，截至 2021 年 12 月，与应急管理相关的高校有 19 所，科研机构 26 家。北京市安全应急重点高校院所基本信息见表 5-1。就优势领域而言，在矿山安全、城市安全、地质灾害、地震灾害、危险化学品事故防治、森林草原火灾扑救、无人机应急救援技术、应急管理信息化、公共安全标准化、气象灾害防治、水旱灾害治理等领域具有显著优势。就学科建设而言，安全科学与工程学科为北京市安全应急领域的王牌学科。就创新平台而言，北京市拥有众多与安全应急相关的国家重点实验室、省部级重点实验室，科研支撑体系十分完善。就产业化而言，北京市高校院所的产业化能力总体较强，清华大学、中国安全生产科学研究院、北京市科学技术研究院的产业化能力十分突出，在成果转化方面形成了比较成熟的模式。就人才培养而言，北京市在一些细分领域具备高端人才培养优势，相较于全国而言人才培养能力较强。

表 5-1　北京市安全应急重点高校院所

序号	名称	创新平台
1	中国矿业大学（北京）	应急管理与安全工程学院-安全工程专业（国家级特色专业）-煤炭资源与安全开采国家重点实验室
2	清华大学	清华大学合肥公共安全研究院（派出机构）

表5-1(续)

序号	名称	创新平台
3	北京理工大学	机电学院-安全科学与工程-爆炸科学与技术国家重点实验室
4	北京科技大学	土木与资源工程学院-安全科学与工程（国家一级重点学科）-金属矿山高效开采与安全教育部重点实验室
5	中国石油大学（北京）	安全与海洋工程学院-安全工程系-油气生产安全与应急技术应急管理部重点实验室
6	中国地质大学（北京）	工程技术学院-安全工程-自然资源部深部地质钻探技术重点实验室
7	北京化工大学	机电工程学院-安全工程（北京市重点交叉学科）-国家危险化学品生产系统故障预防及监控基础研究实验室
8	中国消防救援学院	消防指挥系、消防工程系、应急救援系、应急通信与信息工程系等院系，消防指挥、消防工程、飞行器控制与信息工程、抢险救援指挥与技术等专业，森林草原火灾扑救风险防控应急管理部重点实验室、无人机应急救援技术应急管理部重点实验室等
9	中国安全生产科学研究院	公共安全研究所、危险化学品安全技术研究所、矿山安全技术研究所、安全生产检测技术中心等
10	国家自然灾害防治研究院	自然灾害基础科学研究中心、地质灾害研究中心、水旱灾害研究中心、森林草原防灭火研究中心、气象灾害研究中心、地震灾害研究中心、城市灾害研究中心、救援技术装备物资研发中心、空间信息研究中心、减灾规划与政策研究中心等
11	应急管理部信息研究院	安全发展研究中心、矿山安全研究所等
12	应急管理部大数据中心	网络安全部、网络运行部等
13	中国地震局地质研究所	强震构造与地震危险性研究室、地震与地质灾害风险研究室、活动火山与灾害研究室等
14	中国标准化研究院	公共安全标准化研究所
15	中国气象科学研究院	灾害天气国家重点实验室、气象影响与风险研究中心
16	中国地质科学院	地质力学研究所
17	中国水利水电科学研究院	遥感技术应用研究所、工程抗震研究中心、防洪抗旱减灾研究所等
18	中国特种设备检测研究院	危化品装备部、风险监测技术中心等
19	北京市应急管理科学技术研究院	城市运行安全研究中心、事故与灾害评估统计中心、防灾减灾研究中心、应急管理研究中心、高危行业安全风险监测中心等
20	北京市科学技术研究院	城市安全与环境科学研究所（北京市劳动保护科学研究所）、城市系统工程研究所

从高校方面来看，中国矿业大学（北京）、清华大学、北京理工大学、北京科技大学、中国石油大学（北京）、中国地质大学（北京）、北京化工大学、中国消防救援学院等是安全应急领域的中坚力量，特色鲜明。

高校主要以部属高校为主，在矿山安全、城市安全、爆炸安全、油气安全、地质灾害、危险化学品事故防治、森林草原火灾扑救、无人机应急救援技术等领域优势显著。中国矿业大学（北京）在矿山安全工程、消防工程等领域优势明显，其安全科学与工程学科为国家“双一流”学科、国家级重点学科。中国矿业大学（北京）充分整合学校资源，成立了应急管理与安全工程学院，该学院作为专业型学院开展安全应急科学研究和人才培养工作。中国矿业大学（北京）还拥有煤炭资源与安全开采国家重点实验室、深部岩土力学与地下工程国家重点实验室和国家煤矿水害防治工程技术研究中心，形成了强大的科研支撑体系。清华大学在公共安全、应急管理等领域优势明显，核科学与技术学科以及公共管理学科均为国家“双一流”学科，依托清华大学工程物理系成立了清华大学公共安全研究院，并开展校地合作成立了清华大学合肥公共安全研究院，实现了创新资源跨区域价值创造。此外，还成立了清华大学公共管理学院和清华大学应急管理研究基地，开展应急管理科学研究。清华大学的产业化能力在高校院所中名列前茅，孵化了北京辰安科技股份有限公司、同方威视技术股份有限公司等行业龙头企业。值得注意的是，清华大学与合肥市的合作模式，是典型的以高校院所为依托的产业集聚模式。清华大学以其学科优势、平台优势、人才优势、科研优势助力合肥市安全应急产业升级发展。北京理工大学在爆炸安全领域优势明显，拥有爆炸科学与技术国家重点实验室、爆炸防护与应急处置技术教育部工程研究中心，成立了机电学院，开展安全科学与工程方面的科研与人才培养工作，安全科学与工程学科拥有博士点，并获批博士后流动站。北京科技大学在矿山安全领域形成了科研优势，矿业工程学科为国家“双一流”学科，成立了土木与资源工程学院，下设安全科学与工程系，其安全技术及工程为国家二级重点学科、北京市重点学科，在矿山尘毒治理、矿山火灾治理等方面具有优势和特色。北京科技大学拥有金属矿山高效开采与安全教育部重点实验室，聚焦矿山灾害防控理论与技术、矿山通风防尘与避险技术等重点方向。中国石油大学（北京）在油气安全生产领域优势明显，石油与天然气工程、地质资源与地质工程均为国家“双一流”学科，成立了安全与海洋工程学院，下设安全工程系，其安全工程专业为国家级一流本科专业，拥有安全科学与工程学科博士点及博士后流动站，拥有油气生产安全与应急技术应急管理部重点实验室，聚焦安全监测与智能诊断、安全大数据与人工智能、安全保障理论与应急技术等重点方向。中国地质大学（北京）在地质工程、探矿工程等领域优势明显，拥有自然资源部深部地质钻探技术重点实验室，地质资源与地质工程学科为国家“双一流”学科，成立了工程技术学院，下设地质工程系、安全工程系等专业院系，地质资源与地质工程和安全科学与工程学科拥有博士点及博士后流动站。北京化工大学在危险化学品预防、化学物质监测领域具有明显优势，化学工程与技术学科为国家“双一流”学科，成立了化学学院、化学工程学院等院系，拥有国家危险化学品生产系统故障预防及监控基础研究实验室、新危险化学品评估及事故鉴定基础研究实验室、环境有害化学物质分析北京市重点实验室，聚焦危险化学品事故预防与安全分析、化工安全与能源电化学研究、化学发光传感器技术、电化学传感技术等重点方向，为化学类事故预防、监测及应对提供科技支撑。中国消防救援学院在森林草原火灾扑救、无人机应急救援技术等领域优势突出，拥有森林草原火灾扑救风险防控应急管理部重点实验室和无人机应急救援技术应急管理部重点实验室，拥有消防指挥、消防工程、应急救援等重点院系，以专业化能力为应急管理部提供科技支撑和人才支撑。

从科研院所方面来看，中国安全生产科学研究院、国家自然灾害防治研究院、应急管理部信息研究院、应急管理部大数据中心、中国标准化研究院、中国气象科学研究院、中国地质科学院、中国水利水电科学研究院、中国地震局地质研究所、中国特种设备检测研究院、北京市应急管理科学技术研究院、北京市科学技术研究院等机构科研水平较高，创新能力较强。

应急管理部在科技创新方面系统布局，以技术创新和平台创新助力应急管理体系和能力现代化。中国安全生产科学研究院作为应急管理部科技创新的排头兵，在应急管理领域优势显著，拥有 8 个省部级重点实验室，在矿山边坡监测预警领域处于国内领先地位，研发了 S-SAR 系列边坡雷达，并顺利实现了产业化。国家自然灾害防治研究院在重特大自然灾害监测预警领域优势明显，下设自然灾害基础科学研究中心、地质灾害研究中心、水旱灾害研究中心和空间信息研究中心等科研机构，拥有中国地震局地壳动力学重点实验室、复合链生自然灾害动力学应急管理部重点实验室、卫星地震应用中心等科研平台，在天空地一体化综合观测技术方面取得了显著成绩，该技术被应用于地震监测等灾害场景。应急管理部信息研究院在应急管理情报研究和矿山安全技术研究等领域具备较强竞争力，成立了安全发展研究中心、信息资源部、信息技术研究所和矿山安全研究所等研究中心，拥有煤矿安全智能开采国家矿山安全监察局重点实验室、全域矿山安全风险监测大数据分析预警实验室、冲击地压与煤矿瓦斯耦合动力灾害防治实验室和非煤矿山尾矿库在线监测实验室等创新平台，积极推进科研成果转化落地，成立全资子公司中安智讯（北京）信息科技有限公司，推出了智慧煤矿安全生产综合管控平台、煤矿“三位一体”安全生产标准化管理信息系统和安全生产物联网大数据分析平台等产品。应急管理部大数据中心聚焦应急管理信息化，在智慧应急方面持续发力，拥有应急指挥通信技术应用创新实验室、城市安全风险监测预警实验室等科研平台，参与了应急救援指挥通信平台研制与恶劣环境应用示范等重点项目，研发了智能融合物联网主机、超轻型背负式便携站、便携式物联监测感知设备和安信战鸿系列无人机等系列产品。中国地震局地质研究所在地震机理研究方面形成了强大的竞争力，拥有地震动力学国家重点实验室和地震与火山灾害中国地震局重点实验室，将火山灾害监测预警作为重点方向，在人才培养方面，地质学和地球物理学两个学科拥有博士点和博士后流动站，两个学科下设与地震灾害相关的研究方向。

除了应急管理部之外，其他部委也结合自身业务特点，成立了安全应急相关的科研机构，形成了特色领域、特色技术和特色产品。中国标准化研究院在公共安全标准化研究方面独树一帜，成立了公共安全标准化研究所，主要从事公共安全和应急管理、城市可持续发展、视觉健康与安全防护等领域的标准化工作，拥有人体安全防护与风险评估实验室技术平台、视觉健康与安全防护实验室技术平台等创新平台，是国际标准化组织安全与韧性技术委员会（ISO/TC 292）的国内对口单位，研制了50余项标准，为我国公共安全标准制定作出了重要贡献，为我国公共安全标准化发展奠定了重要基础。中国气象科学研究院长期致力于灾害天气研究，拥有灾害天气国家重点实验室，在灾害天气监测预警方面长期深耕，承担了东北冷涡强对流和暴雨的多元观测试验等重点项目。中国地质科学院在地质灾害监测预警方面具有优势，下设地质力学研究所，在地质安全工程、地质安全风险评价等领域开展研究，拥有自然资源部活动构造与地质安全重点实验室，成立研究生院开展人才培养工作，在资源与环境学科下设地质工程与地质灾害研究方向，实现了科学研究与人才培养的高度融合。中国水利水电科学研究院在水利工程安全、水旱灾害治理、重要水系灾害治理等领域具有优势，拥有流域水循环模拟与调控国家重点实验室，将水循环调控工程安全与减灾作为重要研究方向；拥有水利部水工程建设与安全重点实验室，将水工程监测作为重要方向；拥有水利部数字孪生流域重点实验室，以数字孪生技术赋能水域治理；拥有水利部京津冀水安全保障重点实验室，将京津冀水旱灾害防御与极端灾害应对作为重要研究方向。中国水利水电科学研究院科技创新能力突出，承担了一批重大项目，产出了一批重大成果。其中，长江三峡枢纽工程项目获国家科技进步特等奖，水库大坝安全保障关键技术研究与应用项目获国家科技进步奖一等奖，气候变化对区域水资源与旱涝的影响及风险应对关键技术项目获国家科技进步二等奖。中国特种设备检测研究院将安全监察作为重要职责，拥有特种设备安全与节能国家市场监管重点实验室和无损检测与评价国家市场监管重点实验室等科研平台，产出了大型石化装置系统长周期运行风险的控制与评估关键技术及工程应用、重型压力容器轻量化设计制造关键技术及工程应用等重要成果。

北京市也成立了安全应急领域相关的科研院所，服务北京市安全应急产业发展，服务首都应急管理体系与应急能力现代化。北京市应急管理科学技术研究院作为北京市应急管理局的重要支撑单位，在城市安全、事故与灾害评估、高危行业监测预警等领域具有竞争优势，参与了科技部安全韧性城市构建与防灾技术研究与示范、冬奥会公共安全综合风险评估技术、北京市科学技术委员会安全生产监管大数据平台关键技术研究及轨道交通应用示范、基于 VR 技术的安全生产监管典型场景隐患排查系统关键技术研发与示范应用等项目。北京市科学技术研究院在智慧城市、生命健康等领域优势突出，其下属单位北京市科学技术研究院城市安全与环境科学研究所在个体防护产品检验检测、监测预警、救援处置等领域具有科研优势。北京市科学技术研究院拥有燃气、供热及地下管网运行安全北京市重点实验室、城市有毒有害易燃易爆危险源控制技术北京市重点实验、职业安全健康北京市重点实验室等科技创新平台，在市政管网、城市安全、职业健康安全等领域具有比较完备的科研支撑体系。在产业化方面，北京市科学技术研究院处于行业前列，成立了北京市新技术应用研究所有限公司、北京北科控股有限公司、北京市计算中心有限公司等成果转化企业，研发了京津冀科技资源数字地图平台、物联感知平台、智能感知城市治理系统、北京城市安全风险云服务系统等高科技产品。

5.2.2 需求侧分析

北京市的科技创新供给十分充足，能够满足首都的安全应急科技创新需求。从部委到北京市，从高校到科研院所，北京市的科技创新资源数量多、质量高，是真正的创新高地。在未来，需要面对两大挑战，一个是如何服务京津冀协同发展。北京市的科技创新资源在满足自身需求的同时，需要进一步服务京津冀应急管理体系与应急管理能力建设，构建京津冀安全应急科技创新发展新格局。创新资源的对外转移也会对北京市带来一定影响，需要进一步加强创新资源的优化配置、合理布局和有效协同。另一个则是如何挖掘北京市的具体需求。一是优势领域需要进一步强化和拓展，在目前的发展基础之上，加大对重大洪涝灾害、城市消防、森林消防、地震灾害等领域科技创新投入力度，针对北京市典型灾害，打造配套的科技创新体系，服务超大城市安全应急能力提升。二是学科建设需要进一步完善，打造更多的安全应急王牌学科，形成完整的安全应急学科体系，以学科发展驱动领域发展。三是需要更加合理、科学地使用现有创新平台，发挥创新平台的集成优势，在安全应急“卡脖子”技术、北京市亟须技术方面着力，产出一批具有创新性的典型技术成果。四是进一步提升安全应急产业化能力，探索多元化的产学研成果转化模式，提高科研成果的商业价值和社会价值，提高创新资源的使用效率和效果，打通科技创新的最后一公里。五是加强安全应急高端人才培养，在人才培养体系上进一步优化升级，构建完整的本硕博人才培养体系，加大对安全应急产业的高端人才培养，支撑北京市安全应急人才需求。

5.3 检验检测机构

5.3.1 供给侧分析

从供给侧来看，北京市在军需品、个体防护装备、矿山安全等领域具备一定优势。但是，北京市安全应急相关的检验检机构数量较少，涉及的领域也相对较少，尚未形成能够支撑首都的安全应急检验检测能力。就北京市重点检验检测机构的运作模式而言，主要有企业运营和事业单位运营两种。企业运营模式与自身主营业务紧密结合，包含了服务企业发展的内在要求；事业单位运营模式的公共安全属性比较明显。

企业主要包括新兴际华检验检测（北京）有限公司、煤炭科学技术研究院有限公司等机构。新兴际华检验检测（北京）有限公司在军需被装、民政应急产品等领域具备检测优势，作为国家军需产品质量监督检验中心，作为新兴际华集团检测领域的重要力量，其拥有检验检测机构资质认定证书、资质认定授权证书、CNAS 检验机构认可证书、CNAS 实验室认可证书等资质，业务范围覆盖纺织品、单警装备、应急物资等领域，在 2008 年南方雪灾、2010 年玉树地震等突发事件中发挥了重要支撑作用。煤炭科学技术研究院有限公司在煤炭、安全、节能等领域具备检测优势，拥有国家煤炭质量检验检测中心和国家煤矿支护设备质量检验检测中心，拥有 CNAS 实验室认可证书、CNAS 能力验证提供者认可证书、CNAS 检验机构认可证书、检验检测机构资质认定证书、安全生产检测检验机构资质证书等资质，业务范围覆盖矿山安全、通风防火防尘、防爆设备、防爆电气等领域，具备检测设备研发能力，包括智能采制样装备、液压试验台、煤焦仪器设备等。另外，其在北京拥有子公司煤科（北京）检测技术有限公司，注册地址为大兴区。

事业单位主要包括中国安全生产科学研究院、北京市科学技术研究院等机构。中国安全生产科学研究院安全生产检测技术中心在个体防护装备检测、矿山安全检测、危险化学品安全检测、重大危险源安全检测等领域具备优势，拥有检验检测机构资质认定证书、CNAS 实验室认可证书、CNAS 检验机构认可证书等资质，拥有职业安全健康北京市重点实验室，与日本合作共建中日合作呼吸防护实验室，拥有 270 余套检测设备，参与完成了社会化应急产品检验检测服务关键技术研究等重点课题，形成了核心检测能力。国家劳动保护用品质量检验检测中心（北京）隶属于北京市科学技术研究院城市安全与环境科学研究所，在劳动防护用品检测方面具有优势，拥有 CNAS 实验室认可证书、检验检测机构资质认定证书等资质，检测业务范围覆盖头部、听力、呼吸、眼面、手足、坠落和躯体防护等领域，在消防救援装备检测等领域也具备一定优势。

5.3.2 需求侧分析

从需求侧来看，北京市对检验检测服务的需求较大。检验检测作为安全应急服务的重要组成部分，是北京市安全应急产业链的重要组成部分。除了个体防护装备之外，监测预警装备、应急救援处置装备等领域也需要检验检测能力的支撑。《“十四五”国家应急体系规划》明确提出了要大力发展安全应急产业，而检验检测认证服务则是重点发展方向之一。检验检测服务融合性较强，能够服务于其他三大领域，支撑装备、物资及产品的科学发展。北京市需要在森林消防装备、城市消防装备、危险化学品救援处置装备、地震救援处置装备等领域建立完备的检验检测支撑体系，确保装备的关键指标合格达标。就具体路径而言，一是要大力推进检验检测标准化进程，顺应公共安全标准化发展趋势，聚焦安全生产、消防救援和应急管理三大方向，加大城市安全重点领域的标准研制力度，让装备检测有据可依，让检测服务更加科学合理。二是要推进检验检测机构的市场化进程，让重点领域的重点企业积极参与，激发市场主体的活力，形成事业单位与重点企业共同发展的良好局面。三是要推进检验检测基地的建设，以场景为导向，聚焦北京市目前面临的主要灾害场景，构建符合北京市安全应急需求的检验检测基地，打造集检验检测、实战演习、培训演练和展览展示于一体的综合型检验检测基地。

5.4 行业组织

5.4.1 供给侧分析

从供给侧来看，北京市安全应急相关的行业组织主要包括三大类，分别是创新联盟、行业协会和行业学会。创新联盟与安全应急产业发展结合较为紧密，其成员单位以企业为主体，核心平台以产业链建设为纽带。行业协会综合实力较强，组织运作模式较为成熟，职能覆盖范围较广，主办、承办了许多标杆性展会，促进了行业交流。行业学会不仅在行业交流方面扮演着重要角色，在学术交流和学科建设方面也扮演着重要角色。行业协会和行业学会除了接纳单位会员之外，还接纳个人会员。北京市安全应急全国性行业组织较多，对行业资源具有较强的吸引力，对行业发展具有较强的影响力，对京津冀安全应急产业具有较强的引领力。除了全国性行业组织之外，北京市在应急管理领域共有社会组织 107 家，其中市级 35 家、区级 72 家，按照组织属性不同又可分为 46 家社会团体和 61 家社会服务机构（民办非企业单位）。

1. 联盟类行业组织

应急救援装备产业技术创新战略联盟是新兴际华集团牵头成立的产学研创新联合体，是典型的以联盟为导向的产业集聚模式。第一，以创新平台搭建为抓手，构建生态体系。2013 年，该联盟成为科技部在应急领域的唯一国家级联盟，经过 10 多年的发展，其在协同创新平台建设、应急物资保障平台建设和产业智库平台建设方面取得了成就，目前联盟拥有核心会员 200 余家，联系单位超过 1000 家。第二，以顶层设计能力为核心，参与规则制定，积极参与多项安全应急标准研制，参编《“十四五”国家应急体系规划》。第三，以战略研究能力为依托，打造高端安全应急产业智库，连续多年编制并发布《北京市安全应急产业发展报告》和《北京市重点安全与应急企业及产品目录》，出版了《应急产业研究》。第四，以资源整合能力为优势，生成系统化行业解决方案。联盟充分整合科技资源，以重大科技项目为抓手，积极推进项目申报及研发；充分整合专家资源，成立了应急管理、应急装备、应急材料、产业发展和应急服务（检验检测）5 个专家组，以专家优势赋能产业优化升级；充分整合产业资源，多次助力随州市举办专业型展会。第五，以商业模式为基础，探索可持续发展之道。联盟建立了会费制，为开展专项活动、优化会员服务提供了重要支撑。

2. 协会类行业组织

中国灾害防御协会在标准研制、行业交流、科普教育、国际减灾交流等领域发挥着重要作用，下设规划与标准、风险大数据、城市韧性与防灾减灾、应急科技装备等专业委员会，积极打造高端智库和专业智库，成立了 17 个专业型智库。在行业交流方面，多次主办了北京国际安全应急博览会，打造了颇具特色的展会品牌。此外，还主办了 2023 博鳌防灾减灾大会、专精特新应急科技装备发展论坛暨京津冀安全应急产业高质量发展大会等活动，确保了高活跃度和广泛影响力。中国安全产业协会在安全产业政府决策支撑、行业自律、企业评估等方面发挥着重要作用，成立了物联网、消防数字化、防灾减灾等与安全应急相关的分会，服务安全应急相关领域发展；主办了 2023 北京国际防灾减灾应急安全产业博览会、2023 中国（合肥）安全应急博览会、2023 中国能源企业“工业互联网+安全生产”技术交流大会等会议，在行业交流方面作出了重要贡献。

3. 学会类行业组织

中国应急管理学会作为权威性较强的学会，在应急管理理论研究、项目攻关、会展举办、成果出版、国际交流、教育培训、成果转化等领域发挥着重要作用。经过近 10 年的发展，中国应急管理学会规模不断扩大，目前有个人会员 1800 余人，单位会员 240 余家，在发展过程中，形成了比较完备的组织架构支撑体系，在应急产业方面成立了应急产业工作委员会。作为权威性学会，其承办了应急管理创新国际论坛（2022）、2021 博鳌亚洲论坛应急管理分论坛等重量级会议论坛。公共安全科学技术学会由清华大学公共安全研究院牵头成立，在公共安全理论研究、科普教育、技术创新、成果转化和行业交流等方面发挥着重要作用。公共安全科学技术学会组织架构较为健全，成立了风险与韧性、预测预警、爆炸安全与防护、石油与化工安全、学科建设等专业工作委员会，多次主办了中国公共安全大会，形成了品牌效应。在国际交流方面，其与国际应急响应与管理信息系统学会等国际组织进行交流合作，保持了较高活跃度。

5.4.2 需求侧分析

北京市集聚了一批级别较高、权威性较强、影响力较广的行业组织，为安全应急产业发展提供了生态支撑力。行业组织作为重要的产业发展力量，与政府、企业主体相互协作，共同推进安全应急产业发展。从发展趋势来看，未来需要聚焦与安全应急产业密切相关的领域，发展专注安全应急产业的行业组织。一是要加强对产业创新联盟的支持力度，推进创新联盟法人化、实体化，健全联盟运作机制，完善联盟运营模式，优化联盟盈利模式，发挥联盟的市场前沿优势和产业生态优势，提升产业竞争力。二是要推进行业协会建立健全专门的安全应急产业专业委员会，聚焦安全应急产业重点领域，成立安全应急产业智库，以协会平台优势、资源优势、智库优势助力产业发展。三是要加大行业学会对安全应急产业学科的培育力度，围绕安全应急产业，推动设立重点研究方向，推动设立重点学科，推动成立专门的安全应急产业学院，打造完整的本硕博培养体系。

5.5 救援队伍

5.5.1 供给侧分析

从供给侧来看，北京市抢险救援能力相对较强。根据《北京市“十四五”时期应急管理事业发展规划》统计，北京市拥有市级专业救援队伍 25 支、5000 余人，拥有区级专业救援队伍 92 支、7000 余人，拥有志愿队伍 500 余支、13.1 万人，全市每万人中就有 4.6 名消防员。值得注意的是，北京市拥有一批应急救援国家队，包括国家安全生产应急救援新兴际华队、国家矿山应急救援大地特勘队、国家安全生产应急救援勘测队、国家危险化学品应急救援燕山石化队、中国救援队、中国国际救援队等救援队伍。上述队伍在历次抢险救援中主动出击，凭借专业素养、专业装备在救援行动中大显身手，在一次次救援实战中锻炼了队伍、检验了装备、积累了经验、解决了问题。

国家安全生产应急救援新兴际华队（以下简称新兴际华队）是依托新兴际华应急产业有限公司建设的专业救援队伍。新兴际华队现有430人，驻地为丰台区大灰厂基地，曾多次参与灾害救援行动，充分展现了国家队的责任担当：2021年，参与河南省新乡市洪涝灾害抢险救援，累计排水量超过100万立方米；2023年，派出70余名队员参与北京市抢险救援；参与涿州抢险救援，圆满完成排涝任务，累计排水量达27.38万立方米。新兴际华队多次参与“应急使命”演习，并圆满完成演习任务，并以演习为契机，展示了大载荷系留无人机、大流量远程供排水系统等高科技装备。国家矿山应急救援大地特勘队（以下简称大地特勘队）是依托中煤地质集团北京大地高科地质勘查公司建设的专业救援队伍，在矿山救援领域具备优势。大地特勘队现有85人，在历次灾害救援中发挥了重要作用：2021年，参与山东省栖霞市笏山金矿爆炸事故救援，成功营救11名被困人员；2023年，派出22名队员参与涿州抢险救援，累计排水量达22.86万立方米。大地特勘队救援效果显著，累计参与事故救援30多次，在救助被困人员方面成绩优异，有191人被成功营救。国家安全生产应急救援勘测队（以下简称救援勘测队）是依托中国安全生产科学研究院建设的专业救援队伍，在边坡救援领域具备核心竞争力。中国安全生产科学研究院自主研发了S-SAR系列边坡雷达，形成了完备的边坡预警及救援综合性解决方案，监测预警能力在行业中处于领先水平。S-SAR系列边坡雷达为救援勘测队能力建设提供了科技支撑。救援勘测队现有36人，驻地在北京市朝阳区。救援勘测队积极参与灾害救援，以专业优势和科技优势赋能救援行动，参加了“3·21”东航飞行事故等重大事故的搜救行动，在边坡监测预警方面作出了贡献。救援勘测队积极参与“应急使命·2023”演习，顺利完成演习任务，展示了以边坡雷达系列装备为主的综合性解决方案的实战能力及效果。国家危险化学品应急救援燕山石化队（以下简称燕山石化队）是依托中国石化燕山石化公司建设的专业救援队伍，在危险化学品救援、消防救援领域优势明显。燕山石化队现有223人，驻地为北京市房山区，其装备齐全，配备装备1000余台。燕山石化队救灾能力突出，参与火灾救援4000余场，参与了“1·28”京新高速甲醇罐车泄漏事故等危险化学品事故救援。2023年，燕山石化队参与了涿州抢险救援，累计排水量达6.3万立方米。中国救援队在地震救援领域具备核心竞争力，是国家级综合性专业救援队伍，主要救援力量由北京市消防救援总队、中国地震应急搜救中心、中国应急总医院构成，2019

年获得了联合国国际重型救援队资格。在国内，中国救援队先后参与“7·21”新乡特大暴雨、长沙自建房倒塌等突发事件救援。在国际方面，中国救援队参与了 2023 年土耳其地震搜救工作，营救 6 名被困人员，获得土耳其“共和国崇高贡献奖章”，充分展示了国际救援能力，充分发扬了人道主义精神，充分展现了大国担当。中国国际救援队（中国国家地震灾害紧急救援队）是地震灾害救援的骨干力量，拥有 480 余人和 8 大类 300 多种 6000 多套救援装备，于 2009 年、2014 年两次获得联合国国际重型救援队资格。在国内，中国国际救援队参与了 2003 年新疆伽师—巴楚地震、2008 年汶川地震、2010 年青海玉树地震等突发事件救援工作。在国际方面，中国国际救援队参与了 2015 年尼泊尔地震、2023 年土耳其地震等突发事件的搜救工作。

5.5.2 需求侧分析

总的来说，北京市目前的救援队伍力量需要进一步加强。一方面，要加大专业队伍的建设力度，增加队伍数量，拓展重点领域，研发先进装备。从数量来看，专业救援队伍数量相对较少，需要增加专业救援队伍的数量，尤其要增加国家级救援队伍的数量，在满足北京市应急救援需求的同时，服务其他地区重大灾害救援。从救援领域来看，专业救援队伍尚未实现重点领域全覆盖，目前主要集中在森林消防、洪涝、矿山安全、危险化学品、市政管网、基础构筑物等领域，下一步需要针对北京市的重点灾害，拓展救援领域，实现重点领域全覆盖，确保关键领域的队伍储备。从救援装备配备来看，目前的队伍基本上配备了较为先进的救灾装备，下一步还需从巨灾应对底线思维出发，加大装备研发投入力度，推进装备迭代升级，为救援队伍研发新式装备，为救援行动提供技术支撑。另一方面，在发展专业救援力量的同时，也要培育社会救援力量和基层救援力量，构建完整的救援力量体系，这样才能更好满足首都的抢险救援需求。要加强对社会救援力量和基层救援力量的培训工作，提升其救援技能和业务水平；要完善协同响应机制，合理配备专业救援队伍、社会救援队伍和基层救援队伍，确保 3 种力量均能发挥自身优势，确保救援行动有序进行；要给予社会救援力量和基层救援力量一定的资金支持，为其可持续发展提供重要经济保障。

6 北京市安全应急产业集聚分布

6.1 中关村科技园区丰台园

6.1.1 园区基本情况

中关村科技园区丰台园（以下简称丰台园）是中关村最早的“一区三园”之一，1991年11月被批准成立，1992年6月正式启动建设，1994年4月被批准成为第一批国家级高新区，2012年经国务院批复，成为中关村国家自主创新示范区的重要组成部分。经过近30年的发展，丰台园已成为全区经济发展的主引擎和科技创新的主战场。

按照2012年国务院批复的空间规模和布局，丰台园总规划面积为17.63平方千米，由东区、西区Ⅰ、西区Ⅱ、科技孵化一条街和扩区后的丽泽地块、永定河北区、永定河南区、二七车辆厂、二七机车厂、首钢二通产业园、应急救援地块共11个区块组成。丰台园主责开发的区域为东区、西区Ⅰ和西区Ⅱ，其余地块由相应的国企或政府部门负责开发管理。

安全应急产业是丰台园重要产业之一，该园区是首批国家级应急产业示范基地，2023年国家要求对已有产业基地进行复评，北京市及丰台区领导高度重视，积极参加了基地复评工作。事实上一直以来，北京市多级政府高度重视辖区内的安全应急产业发展工作，在丰台园“十四五”规划当中，明确提出要“围绕智慧产业、应急救援、科技服务以及数字经济，全力促进新产业、新业态、新模式跨越式发展”，并且要“巩固应急救援产业优势。加大应急救援装备产业技术创新战略联盟扶持力度，进一步支持新兴际华继续做大做强，全力推动国家应急产业示范基地新一轮高质量发展，强化丰台区在国家应急产业领域的领先地位，有力保障首都社会公共安全”。

6.1.2 产业发展情况

丰台园应急产业发展早、基础好，发展势头足，目前已有110多家企业明确企业应急产业发展方向，另外还有中国华电工程（集团）有限公司、中国铁路物资股份有限公司等多家其他领域的龙头企业也服务于应急产业，形成了以自然灾害监测、应急医疗服务、新材料、应急通信、应急处置装备、公共安全防范等为主要方向的应急特色产业集群，在应急管理服务咨询等领域也实现了较大突破。丰台园安全应急重点企业详见表6-1。

表6-1　丰台园安全应急重点企业一览表

企业名称	主要产品名称
新兴际华集团	个体防护、智能应急救援装备等
北京爱科迪通信技术股份有限公司	卫星通信天线
北京奥博泰科技有限公司	建筑玻璃检测仪器、光伏玻璃检测仪器
北京碧海舟腐蚀防护工业股份有限公司	防腐蚀涂料、阴极保护材料
北京航宇测通电子科技有限公司	惯性导航产品、卫星导航产品
北京金奔腾汽车科技有限公司	汽车诊断仪
北京科园信海医药经营有限公司	应急医疗用品等
北京盛大华源科技有限公司	阻燃剂、阻燃人造板
北京天路通科技有限责任公司	环卫车辆
北京谊安医疗系统股份有限公司	呼吸机
北京真视通科技股份有限公司	安全监控
富盛科技股份有限公司	视频传输设备
航天科工惯性技术有限公司	安全监测系统
北京国卫星通科技有限公司	北斗定位定向授时系统、反无人机系统、定位接收机等
北京海格神舟通信科技有限公司	中高机监测车、某背负式侦收设备
北京航天凯恩新材料有限公司	阻燃 PP、阻燃 PCABS、阻燃 PA、阻燃 ABS、阻燃 PPO
北京航天雷特机电工程有限公司	防弹衣、防弹防刺服、防刺服
华润医药商业集团国际贸易有限公司	药品、器械
北京吉宝通科技发展有限公司	微震动周界报警系统、微震动车辆安检系统
北京捷世智通科技股份有限公司	高性能防火墙、应急综合应用平台
北京金自天正智能控制股份有限公司	皮带机无人值守控制系统、全数字矢量控制系统、棒线材运行管控系统
北京美康基因科学股份有限公司	胃蛋白酶原测定试剂盒

表6-1(续)

企业名称	主要产品名称
北京米波通信技术有限公司	卫星通信系统
北京鑫丰南格科技股份有限公司	智能护理呼叫系统
中电科（北京）网络信息安全有限公司	安全手机、安全态势监测预警平台、金融数据密码机、电力系统专用纵向加密机等
中食净化科技（北京）股份有限公司	保食安专业食品净化商用机、保食安专业食品净化家用机
北京中星时代科技有限公司	中星时代红外热像仪
北京卓奥世鹏科技有限公司	阻车路障、液压站
北京动力源科技股份有限公司	消防应急照明和疏散指示系统
中船海丰航空科技有限公司	机动通信指挥车、机载融合通信终端、航空应急救援指挥调度系统、移动加油站、抛投加油设备、移动储油设备、机动电源、移动机场、机动保障车、助降灯光设备、机载快速吊钩、机载动功能适配装置、航空医疗救护服务、航空物资转运服务、航空应急救援服务、低空监视平台
北京市联创立源科技有限公司	应急物资装备
北京奥信化工科技发展有限责任公司	现场混装炸药车
国药控股北京天星普信生物医药有限公司	应急救援处置类产品
北京城建天宁消防有限责任公司	消防物联网监控系统、电气火灾监控系统、可燃气体探测报警系统、消防联动控制系统等
北京国电富通科技发展有限责任公司	中压细水雾、高压细水雾、泡沫喷雾、涡扇炮增压泵组、消防灭火机器人
北京泷涛环境科技有限公司	环境污染调查及风险评估、入河排口及断面在线监测智慧化管理、污染治理环保管家、排污口排查整治服务、智慧在线监测
北斗航天卫星应用科技集团有限公司	智慧方舱
北京国网富达科技发展有限责任公司	输电线路在线监测产品、智能运检类产品
北京海鑫科金高科技股份有限公司	新型涉网案件信息采集系统、人员信息一体化采集系统、海鑫指（掌）纹活体采集系统软件
阳光凯讯（北京）科技股份有限公司	机动式应急移动通信系统
北京中微普业科技有限公司	射频开关矩阵、测试自动化装备、芯片测试夹具、工业互联网通信模组

表6-1(续)

企业名称	主要产品名称
北京中电拓方科技股份有限公司	矿用本安型辅助显示终端、矿用无线通信系统
北京航天希尔测试技术有限公司	振动试验设备
华戎技术有限公司	执勤信息系统
北京中航泰达环保科技股份有限公司	环保技术推广服务
北京国信华源科技有限公司	雨量计、入户报警器、预警广播、GNSS、边坡探针、泥水位计、渗压计、遥测终端机（RTU）、数据采集仪（MCU）等
北京英视睿达科技股份有限公司	地球大数据生态环境监测平台
北京菲思拓新材料股份有限公司	防火封堵
北京英诺特生物技术股份有限公司	传染性疾病相关体外诊断试剂

丰台园应急产业总收入持续增长，自2017年起迈入园区千亿级产业集群行列。2022年园区内总收入达百亿元以上的企业有1家，总收入达50亿元以上百亿元以下的企业有1家，总收入10亿元以上50亿元以下的企业有4家；园区内安全应急领域重点企业实现总收入338.4亿元，其中安全应急产业销售收入约70.4亿元。丰台园拥有较雄厚的科研实力，目前已形成较完备的应急产业创新能力体系，拥有科技部国家试点联盟——应急救援装备产业技术创新战略联盟，且园区内20%以上应急企业拥有国家或北京市认定的企业技术中心、工程研究中心或重点实验室。园区内研发机构总计23个，其中，国家级企业技术中心2个，北京市市级企业技术中心17个；国家级工程研究中心1个，北京市工程研究中心1个；北京市工程实验室1个，北京市重点实验室1个。丰台园应急企业创新投入及创新成果产出水平突出，企业内部研发经费支出超过30亿元。从安全应急产业行业占比来看，应急救援处置类和安全防护类企业最多，占比分别为33%左右，监测预警类企业占比为19%左右，安全应急服务类企业占比为15%左右，如图6-1所示。在受调查企业当中，涉及的重点安全应急产品与服务共计100个，其中产品国际先进的有6个（企业自己认为），主要为个体防护产品（防弹衣等）、安防产品（人脸特征识别等）、救援处置产品（消防类，如消防机器人等）；认为自己产品国内先进的共有81个。

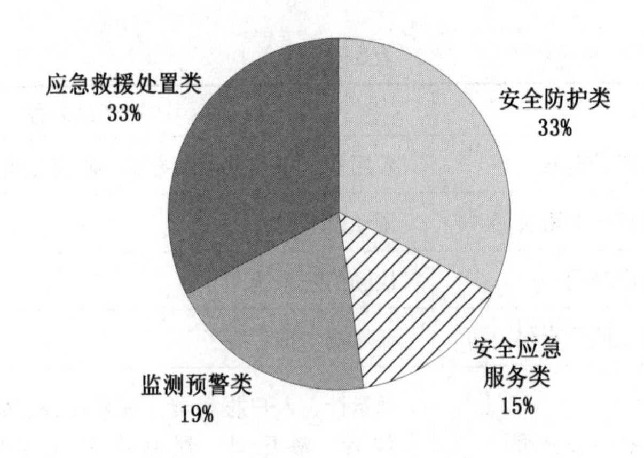

图 6-1　丰台科技园安全应急产业结构

6.2　中关村科技园区房山园

6.2.1　园区基本情况

房山区地处京郊西南，与河北省毗邻，近年来，其在科学规划下的后发优势将集中释放，有望带动地区经济实现跃升，为全面开启“一区一城”新房山建设新征程奠定良好基础，加快由聚集资源求增长向疏解功能谋发展转变。

中关村科技园区房山园（以下简称房山园）目前着力发展的主导产业包括新型储能与氢能、先进基础和关键战略材料、智慧医工服务、智能制造与网联汽车等，园区入驻了一批业内有影响力的企业，如储能系统解决方案和技术服务供应商海博思创、清洗机器人企业史河机器人等。从安全应急产业角度看，房山园的安全应急产业又可分为南部的智能应急装备产业园以及北部的石化新材料科技产业基地。智能应急装备产业园近几年发展非常快，目前其产值已经突破 10 亿元，重点企业包括九州一轨、安迈特科技、亮道智能、碳能科技荣等，智能制造区域品牌已经初步形成；而北京石化新材料科技产业基地则依托燕山石化，发展出了新材料产业基地，聚集了一批从事个体防护、燃气安全监测、氢能源等方面的企业。

6.2.2　产业发展情况

房山园安全应急产业发展起步较早，但最近几年才将该产业作为区内未来予以大力发展的重点产业。产业门类涉及智能装备、应急服务、应急新材料等多个领域，主要应急场景包括森林消防、危险化学品救援处置（燕山石化拥有一家国家级石化专业救援队伍）等，空间集聚主要分布在燕山组团和智能装备组团。

房山园安全应急企业多以中小企业为主，根据对房山园安全应急特色产业集群的统计，2020 年该产业集群产值规模为 67. 84 亿元，2021 年为 110. 58 亿元，2022 年为 131. 55 亿元；集群内安全应急主导产品占总产值的比重为 76. 68%；2022 年主导产业增速为 15. 95%，集群内的企业数量从 2020 年的 25 家，增加到了 2022 年的 32 家，其中省级专精特新中小企业为 12 家，国家级专精特新“小巨人”企业为 8 家，国家级高新技术企业为 22 家，主导产业相关的创新型中小企业 7 家；主导产业出口贸易 2022 年增长率为 43. 69%。房山园重点安全应急企业详见表 6-2。

表 6-2　房山园重点安全应急企业一览表

企业名称	重点产品	应用领域	发展优势
北京航景创新科技有限公司	工业级大型无人直升机	部队、农业、电力、消防、测绘、物流、应急（主要为森林灭火）、环保、公共安全	国家高新技术企业，已取得 36 项技术专利、GJB 9001 质量管理体系认证、ISO 14001 环境管理体系认证、公安部装备采购认证、无人机生产经营许可证
北京恒天云端科技有限公司	无人飞行器	承担 10 千克和 50 千克非火工灭火弹的研发试制	集成北京理工大学无人飞行器自主控制研究所拥有的智能无人机核心专利和技术，承接北京理工大学无人机研究所科研成果在公司进行转化和产业化
北京煋邦数码科技有限公司	高集成数码控制芯片和控制系统开发、智能控制器	灭火弹数码引信系统的研发试制等	公司拥有一批集成电路、智能硬件、火工品、爆破技术等领域的高技术人才，现有专利 36 项。其中芯片、智能控制器达到国内领先水平
北京慧通未来科技发展有限公司	高速宽带移动通信设备	广泛应用于军队、公安、国安等多兵种联合机动演练、复杂山区兵力指挥调度、舰船编队及边海防信息通联等智能应急领域	产品丰富，分室外固定、车/机载、单兵及室内机架等 4 个系列共 9 型产品
北京道信科技有限公司	无人机行业软硬件结合及应用配套服务	无人机油气管线智能巡检技术服务于中石油、中石化、中海油的智能巡检和管理平台建设	公司是无人机行业定损理赔单位，在 GIS 平台智能感知系统技术、无人机油气管网智慧巡检方面拥有专有技术

表6-2(续)

企业名称	重点产品	应用领域	发展优势
北京数字绿土科技有限公司	机载、无人机、车载、背包等多平台激光雷达扫描系统	为电力、农林、测绘以及高精度地图等行业用户提供软硬件一站式激光雷达解决方案	在美国、深圳、武汉、苏州设有分支机构，公司世界知名激光雷达厂商 Riegl 全球合作伙伴，产品及解决方案远销美、法、意等 40 多个国家和地区。在美国设有分支机构，国内在深圳市、武汉市、苏州市也设有分支机构
北京九州尚阳科技有限公司	脉冲气压喷雾灭火装备、应急救援装备、反恐防暴警用装备	消防、护林、反恐等	拥有专利技术 23 项，脉冲气压喷雾技术世界领先，多项产品世界首创，获得消防产品认证证书、国家火炬计划、科学技术创新奖、国际林业博览会金奖、消防工匠、脉冲气压喷雾水枪领军品牌、十大应急救援品牌、十大消防器材企业、AAA 级信用体系证书等荣誉称号
北京智天新航科技有限公司	武器装备高性能减振系统、航空发动机减振及密封、精密仪器电磁屏蔽	航空航天	公司在研项目 190 余项，已定型交付型号 70 余种，其中替换美国减振器型号 30 余种，有效摆脱国外对我军工减振密封领域的钳制
北京智芯传感科技有限公司	压力传感器、加速度传感器、陀螺仪等器件	物联网、航空、航天、汽车、生物医学、环境监控、消防、军事等领域中都有着十分广阔的应用前景	在北京建设的年产量 100 万只先导量产线已于 2019 年 6 月投入运营，并且义乌年产 1000 万只生产线建设于 2020 年 11 月已完成
北京航天奥祥通风科技有限公司	通风设备，复合材料和模具	应用覆盖高速动车组、铁路客车、货运机车等城市轨道交通车辆	已通过 IRIS 管理体系认证、ISO 9001 质量体系认证、EN 15085-2 焊接管理体系认证
达闼科技（北京）有限公司	云端智能服务平台和系统、云端智能设备、人形服务机器人、商业功能机器人、防疫全系列机器人等	零售、地产、公共事业、智慧城市	在云计算、人工智能、人机融合智能、网络安全、云端智能控制终端、智能柔性执行器等方面拥有深厚的技术积累，在自然语言处理、机器视觉、室内导航等人工智能关键技术领域处于业界领先地位

表6-2(续)

企业名称	重点产品	应用领域	发展优势
北京史河机器人科技有限公司	智能特种机器人	通过在船舶、化工、电力、能源等行业的深入探索，产品已实现在检测、探伤、清洗、除锈、喷涂、打磨等场景的成功应用	2019 中关村国际前沿科技创新大赛单领域TOP10，获得“2019 年《财富》中国年度创新企业”称号
北京卫蓝新能源科技有限公司	特种固态锂电池	无人机、规模储能、电动汽车、航空航天、国家安全等领域	已拥有 61 项固态电池核心专利，另有 28 项专利正在申请中。蓝新能源 300 瓦时每千克混合固液电池实现装车搭载，并获中科院科技成果转化特等奖
恒动氢能（北京）科技有限公司	大功率氢能燃料电池及应用产品	产品应用覆盖移动类燃料电池动力系统及固定类燃料电池备用电源等领域	产品完全自主研发，性能和可靠性均超北美、日本等知名企业，处于国际领先水平。拥有 64 项自主专利，162 项自有专有技术和商业机密
北京华驰动能科技有限公司	大功率大电量的重型磁悬浮飞轮储能电池	航天卫星、特高压直流、地铁高铁智能交通、海上石油钻井、光刻机标准超级电源、大数据中心、能源互联网、智能电网等都是磁悬浮电池的优势领域	华驰动能正在跟除了国家电网外的中国华电集团、华能集团、长光卫星、中国海油、北京地铁开展广泛的示范合作
北京欧百拓信息科技发展有限公司	自动驾驶环境感知产品	汽车	公司是国内领先的 L3 及 L4 级自动驾驶量产研发测试等关键技术解决方案的提供商，总部位于北京市，在德国柏林市和慕尼黑市两地分别建立了欧洲研发中心和欧洲运营中心，在上海市建设有商务中心
北京拓疆者智能科技有限公司	远程遥控及自动驾驶工程机械设备，提供设备出租与出售、劳务外包等	矿山开采、隧道开挖、各类抢险工程、化工废料清理	团队主要来自于斯坦福大学、苹果、谷歌秘密实验室（GoogleX）、爱立信、特斯拉电动车研发总部的顶尖科技引领者

表6-2(续)

企业名称	重点产品	应用领域	发展优势
北京普凡防护科技有限公司	高分子材料及人体装甲防弹制品	安全防护领域	已实现从纤维到产品的全方位产业链，建立了完善的国内外市场销售网络和售后服务体系，产品远销欧拉美中东非洲等；已成为中国安全防范产品行业协会会员、应急救援装备产业技术创新战略联盟成员、全国应急产业联盟成员；产品参与国庆70周年大阅兵；拥有独立的检测、分析实验室，装具设计中心，具有将高性能纤维转化为防弹头盔、防弹背心成品的全产业链的试验线及生产线；已成功开发出九大类产品品种，先后开发的无纬布、机织布等产品是制作各种防护装备的核心材料，其中芳纶无纬布产品通过了工信部科技成果评价，评价结论为普凡公司生产的高性能芳纶无纬布处于“国内领先技术水平”，芳纶机织布防弹能力突出；拥有发明和实用新型专利60项，两项国家级科学技术成果认定，其中高性能芳纶无纬布于2018年获得第五届中国国际新材料产业博览会金奖；防弹防爆产品不仅通过了国内全部权威检测中心的鉴定，也通过了美国怀特实验室、美国Chesapeake实验室、OBL实验室、荷兰TNO实验室的检测；拥有十大车间，可以完成防弹头盔的全产业链制造，防弹背心生产线可以同时生产多种不同的防弹背心，可以完成全部产业链生产，防弹插板车间拥有行业内最先进和最大体积的热压罐成型设备
北京燕山时代仪表有限公司	仪器仪表、机械类系列化产品	石油化工行业	公司拥有仪表、机械类系列化产品40多种，安全检测仪表产品行销全国29个省市，在易燃易爆高温高压的石油化工行业中市场占有率高达30%以上
北京燕山威立雅水务有限责任公司	污水处理	锅炉补水和循环水使用	采用法国威立雅水务集团的先进技术。现有工业废水处理装置3套、生活污水处理装置1套、污水回用装置2套，设计处理工业废水能力为3066万吨每年，再生回用水量设计能力为1000万吨每年，目前实际工业废水处理量为2014万吨每年，再生回用水量为700万吨每年
北京飞燕石化环保科技发展有限公司	环保检测、环境影响评价、职业卫生评价、职业卫生检测、职业健康监护	领域涉及石油、化工、电力、电子、冶金、纺织、运输、水泥、航天、军工、医药等近20个行业	累计完成建设项目环境影响评价470余项，职业卫生评价606余项，职工健康体检32万余人次，职业卫生检测样品23万余件，环保检测样品120万余件

表6-2（续）

企业名称	重点产品	应用领域	发展优势
北京和成防护用品有限公司	成人、儿童一次性防护口罩及KN95防护口罩	防疫口罩生产	口罩过滤效率高、防护性好、阻力小、通气性佳，可以有效阻隔微生物、雾霾、飞沫、粉尘、花粉等颗粒物质传播
北京宜千科技有限责任公司	主营防护产品，包括项目第一阶段生产医用口罩，后续可延伸医用手套、防护手套、防护服等	防疫口罩生产	拥有10万级净化的现代车间、先进的制造设备和研究与检测设备
消防中心	行业一流消防应急救援队	国家级专业应急救援	中心对组织机构及职能进行重新定位，采用四科室+五中队机构模式（战训科、防火科、气防科、综合党群科、一中队、三中队、四中队、五中队、六中队）。中心根据基层领导的年龄、能力、班子配备、性格特点等因素进行大范围的调整优化
燕山应急安全教育实训体验中心	应急安全产品实训体验中心	应急产业	强化区域内几十家应急装备制造企业的集聚优势，借助“新时代网上正能量直播矩阵”——安全时间栏目的媒体宣传效应，发展成为带动区域产业聚集的“动力引擎”，提升燕山应急产业的品牌价值，吸引更多优秀的、常态化的应急产业资本落户燕山，汇聚全国乃至全球应急产业供应链资源信息服务，实现新技术应用、新产业落地、新业态共享共赢的“供给侧结构性建设”，助力燕山实现“结构性改革”服务的新能力

房山园形成了以森林灭火为主的特色应急产业集群，主要产品包括灭火无人机、灭火弹、灭火专网通信设备、智能芯片、特种机器人等。森林消防公司主要有北京航景创新科技有限公司、北京卫国创芯科技有限公司、北京航天奥祥通风科技有限公司、北京正信宏业科技有限公司、北京星际导控科技有限责任公司、北京煋邦数码科技有限公司、恒动氢能（北京）科技有限公司等。

创新发展方面，近两年针对产业“卡脖子”问题，园区内的安全应急产业集群实施了集群产业链强链补链行动，如新源智储等多家企业发布揭榜挂帅项目清单，加大了与良乡大学城、中关村发展集团等协同创新，组建了创新联合体；高盟新材料、普凡防护等多家企业与北京理工大学、北京航空航天大学、清华大学等高校开展产学研协同创新，积极推动与先进制造业集群、重要产业示范基地和龙头企业联动协同发展；八亿时空、集联光电成功进入京东方显示材料供应链体系，多层次协同联动发展，有效助力集群能级水平提升。2022 年园区内企业主持制定团标 2 项，参与制定团标 4 项。集群内中小企业从业人员数量 2913 人，中小企业研发人员占从业人员比例为 34.98%，中小企业近 3 年有效发明专利年均增速 29.65%，研发投入强度 3 年来均超过了 5.8%，如图 6-2 所示。

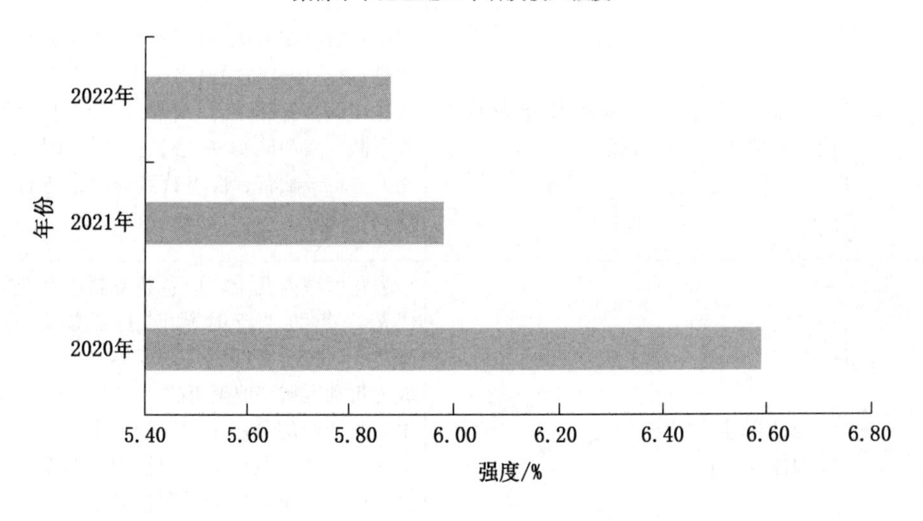

图 6-2　房山园安全应急产业集群研发投入强度

质量品牌建设方面，房山园重点开展质量专门行动、“质量月”活动等，定期组织企业参加质量管理标杆经验分享会，制定“领跑者”措施，推进质量技术公共服务建设。新源智储、普凡防护、帕尔普线路器材等多家企业开展了先进质量管理模式推广，并对产品使用中出现的问题开展质量诊断服务。通过不断完善品牌运营、品牌管理标准宣贯等机制，多家企业获得了集体商标、地理标志产品批准认证等。

集群数字化提升方面，集群企业高新技术企业占比高，数字化服务推进情况总体较好。一是扎实推进“房山数字经济标杆城市”建设，能科瑞元智能制造工业应用软件平台上线运营并获批北京市中小企业公共服务平台；二是积极推动企业与服务商对接，集联光电、高盟新材料、史河科技、中燕信息等有效开展数字化解决方案应用，集群产业数字化水平得到提升；三是落实北京市“新制造100”工程，推进北京市“两化融合”和智能制造诊断评估工作部署，助力“北京智造”品牌打造。四是推广数字化新模式，中燕信息5G智能物资仓库项目，能够提高企业库存利用率并有效降低仓储综合成本。

6.3 中国电科太极信息技术产业园

6.3.1 园区基本情况

中国电科太极信息技术产业园（以下简称太极产业园）位于北京市朝阳区电子城科技园区，占地面积73亩，2014年3月31日破土动工，2016年10月23日工程竣工，历时2年7个月。太极产业园包括3座科技办公楼、云计算数据中心、测试中心共5个单体建筑，总建筑面积15万平方米，可容纳6000人入驻，全面应用太极自主“智慧园区”解决方案，运用物联网、云计算、移动计算、社交网络等新技术，对园区各类资源进行有效管理和调度。

太极产业园年销售收入达60亿元，拥有多家骨干企业，如太极计算机股份有限公司、北京太极信息系统技术有限公司、北京慧点科技股份有限公司、北京人大金仓信息技术股份有限公司、中关村太极治理管控信息技术产业联盟等。同时，与清华大学、北京航空航天大学、北京科技大学、中国科学院、西安电子科技大学开展过产学研方面的合作，具备7个研发机构，研发投入占销售收入的比例为6%。太极产业园已经初步建成支撑产业发展的公共服务平台，安全产品演示、安全教育培训基地建设等也已完成。

6.3.2 产业发展情况

太极产业园主导产业为信息安全服务，一直深耕政府领域，深刻理解政府服务管理业务。在应急平台建设方面，太极产业园已成为应急信息化建设的先锋，在国家部委和各级政府应急平台建设、大型企业应急平台建设方面积累了丰富的经验，培养了强大的应急平台建设人才队伍，成为我国应急信息化领域不可或缺的骨干力量。太极产业园具备丰富的安全应急项目的经验，一直积极参与应急管理部应急管理信息化建设，参与了应急管理信息化发展战略规划编制，承担过应急管理部应急信息资源管理平台总集成服务工作、北京市应急管理局信息化规划编制工作；可以提供安全应急一体化指挥平台，实现生产安全事故灾难、环境保护事件等突发事件的监测监控、预测预警、信息报告、综合研判、辅助决策和总结评估等功能，推动应急事件分类分级管理的应急管理体制建设，形成统一指挥、反应灵敏、协调有序、运转高效的应急救援机制，有效应对各类事故灾难，最大限度地减少人员伤亡和事故损失。为保障安全应急一体化指挥平台的有效性，太极产业园构建了应急业务应用系统，建设内容主要包括风险隐患监测预警系统、应急指挥场所、技术支撑系统、应急指挥应用系统和数据中心等 5 个部分。

太极产业园内的太极计算机股份有限公司是中国电科旗下的软件和信息服务龙头企业，由中国电科 15 所发展而来，主要业务是国内政务、公共安全、国防及关键行业数字化。在网络安全方面，公司可以提供网络安全、内容安全、信息系统安全服务，可以提供操作系统、数据库、中间件与 OA 办公等自主可控产品。多年来，公司在“网安天下”的指导下，在互联网安全、公共安全应急管理、信息安全服务等业务领域，在国内具有一定的领先地位，在公共安全警务大数据、警务应急智慧、雪亮工程、平安城市、互联网舆情分析与处置、安全态势感知方向有较多研究和积累，主要服务于国家公共安全相关部门，为其提供网络安全治理、非法信息监测与分析、指挥决策等服务。其他公司像北京人大金仓信息技术股份有限公司等，主要为党务、国防军工、金融提供数据库服务。

太极产业园内的中关村太极治理管控信息技术产业联盟成立于 2017 年，由 32 家在政府风险管理方面有经验的企业联合发起成立，通过“咨询+软件+服务”模式，形成产业生态系统，可为企业治理管控提供技术、服务保障等。

6.4 中关村软件园

6.4.1 园区基本情况

中关村软件园地处北京市海淀区西北部，西接香山、玉泉山，毗邻圆明园、颐和园，上风上水，宜居宜业，自然环境优越，人文底蕴丰富，是海淀区“三山五园”历史文化特区延伸区和“马上清（青）西”城市创新示范城区的组成部分。中关村软件园分两期建设，两期面积 2.6 平方千米，地上地下总建筑规模约 3.1 平方千米，容积率平均为 0.8，绿化率为 43%，一期于 2000 年开始建设，二期于 2010 年开始建设，是中关村国家自主创新示范区中的新一代信息技术产业高端专业化园区、中关村国家自主创新示范区的核心区和全国科技创新中心核心区，同时也是中关村人才特区、国家级科技与文化融合示范基地、国家级科技金融创新中心，已成为推动全国创新发展的重要引擎。

2022 年，中关村软件园企业总收入增长 10.8%，达到 4759.3 亿元，地均收入达 1830.5 亿元每平方千米，中关村软件园的单位密度产出居于全国领先地位，在企业、产业、人才、科研、国际合作等领域均形成了独具一格的特色；企业研发投入 613.4 亿元，比 2021 年增长 20%，研发投入强度高达 12.9%。中关村软件园内上市公司有 72 家，产业呈现多元化发展态势，主导产业包括物联网、云计算、金融科技、AI、开源生态产业等；国家专精特新“小巨人”企业有 25 家，入选北京市专精特新“小巨人”企业名单的企业有 41 家，入选北京市“专精特新中小企业”名单的企业有 104 家；互联网百强企业共有 7 家，分别是腾讯、百度、网易、快手、新浪等；独角兽企业有 7 家，分别是度小满、滴滴货运、国科量子、本源量子、树根互联等。中关村软件园大企业、高新技术企业云集，园区内共拥有博士后工作站 24 个，高新技术企业 436 家；园区营业收入超过千亿元企业 1 家，500 亿~1000 亿元企业 1 家，100 亿~500 亿元企业 7 家，10 亿~100 亿元企业 32 家，1 亿~10 亿元企业 52 家。

6.4.2 产业发展情况

作为北京市乃至全国的创新创业风向标，近年来，中关村软件园在智慧园区建设方面持续发力，将人工智能、大数据、虚拟现实等前沿技术应用于实践，积极探索智慧园区新形态，构建园区大数据平台，通过打造智慧交通管理系统，应用 AI 技术建设智慧跑道、园区智慧导览系统、无人驾驶先行体验区等方式，搭建智慧应用场景，积极探索智慧科技园区新形态，赋能智慧园区建设。

中关村软件园内的一些高科技企业的产品和服务很多可以应用到安全应急领域。在开源生态领域，包括百度、腾讯、软通动力、滴滴、联想、君正、汉王、网易等互联网企业的开源技术，可以为安全应急产业智慧平台、AI 智能开发、人脸识别、语音识别等产品的开发提供技术基础支持。2022 年，以眼神科技、汉王科技为代表的 AI 企业分别在各自领域取得了技术突破，而一径科技、海康威视、禾赛科技等企业的传感器，也可以为无人驾驶、机器人、安防产业等提供硬件支持。寒武纪、百度、华为、君正等企业生产的芯片能够为深度学习 AI 应急机器人发展提供芯片支持。在大数据方面，浪潮、明略科技、优科得等都是行业内的领跑者，都能为安全应急产业大数据需求提供技术支持。除此之外，像商汤、海康威视等的产品本身就是可以应用在安全应急领域，其他像蓝卡科技、以萨、千视通也都是安防生产企业。蓝卡科技主打车牌自动识别系统，产品可以应用在交通安全和重大活动保障领域。以萨科技能够利用AI算法实现对机动车、非机动车交通违法行为的智能识别与实时预警，提供如逆行、未按导向行驶、闯红灯等多类检测场景，并自动进行取证关联登记，形成监管精准、响应及时的智慧化应用手段。

6.5 中关村国家自主创新示范区怀柔园

6.5.1 园区基本情况

1983年，一块两平方千米的沙荒地在平原与山区结合部被划出，用以兴办山区工业小区，这就是雁栖开发区的前身。2012年10月，经国务院批复，怀柔区有7.11平方千米纳入中关村示范区规划范围。2013年3月，中关村国家自主创新示范区怀柔园（以下简称中关村怀柔园）正式在雁栖开发区授牌。

中关村怀柔园把高精尖产业作为经济发展的重要支撑，为园区贡献了九成的收入、利润、实缴税费以及专利产出。中关村怀柔园拥有高精尖企业90家，主要经济指标均呈增长态势，高精尖整体发展呈现出韧性强、态势好的特征；智能装备领域高速增长，新能源智能汽车规上企业收入占高精尖产业总收入的68%左右，是园区规模最大的高精尖产业；高技术产业规上企业39家，占中关村怀柔园总收入的15%。

6.5.2 产业发展情况

目前中关村怀柔园安全与应急产业主要体现在韧性城市建设领域。怀柔区韧性城市建设项目是北京市区级试点项目，广受社会关注，项目由北京辰安科技牵头，联合了上下游一批软硬件供应商，为怀柔区提供燃气管网、电动自行车等监测预警服务，还建成了综合指挥系统，并与其他相关政务信息管理系统进行了融合。目前韧性城市示范项目一期已经建设完成，取得了令人满意的示范应用效果，正在按计划推动二期工程项目建设。该项目围绕韧性城市燃气安全运行监测、电动自行车消防安全等场景，通过一期和二期建设，最终形成1个综合运行监测中心、1个韧性城市技术迭代平台、1张全要素立体化的智能感知网、1支服务队伍、1个科技内核、1个产业生态和多个应用场景。该项目建成后，通过开发使用监测预警系统、高端仪器装备和传感器等，能够实现重大风险整体监测、动态体检、早期预警与协调联动，可以促使安全运行管理实现“从看不见向看得见、从事后调查处理向事前事中预警、从被动应对向主动防控”转变，可为住建、城管、应急等政府监管部门等提供一站式专业化安全服务，能够解决社会各界对城市安全的重大关切。

在韧性城市项目的带动下，中关村怀柔园的安全应急产业包括两个部分：一是软件系统产业，主要由北京辰安科技负责搭建，正在吸引其他一些子系统商来中关村怀柔园发展；二是城市安防和智慧消防方面的仪器仪表产业，因为韧性城市要监测市政管网以及公共空间，因此需要大量传感器，这也带动了一批企业中关村在怀柔园发展，这方面正在成为中关村怀柔园新动能。传感器方面的企业包括同方泰德等，该企业具备完备的产品生产线及行之有效的平安城市各行业应用解决方案，产品体系包含摄像机类前端产品、NVR 及管理中心等后端管理产品、拼接屏和解码矩阵等显示产品及编码器等安装附件，企业还能够提供校园安防、道路监控、楼宇安防等不同行业和领域的整体解决方案等。

据统计，截至目前已经有约 300 家高端科学仪器和传感器企业选择落户在中关村怀柔园发展。中关村怀柔园也准备申报全国首个国家级高端科学仪器领域示范区，同时成立北京市首只高端仪器装备和传感器产业投资基金，总规模 10 亿元。

在韧性城市示范项目二期工程中，主要进行森林防火、地质灾害等专项应用场景建设。加上一期工程中的燃气安全场景、电动车充电安全场景，下一步中关村怀柔园将会依托 4 个场景的示范情况与示范成果，为北京市提供更多可推广、可复制的韧性城市样本，并向全国推广相关的整体解决方案服务。

6.6 首钢工学院安全生产宣教基地

6.6.1 园区基本情况

北京市安全生产实训基地（以下简称实训基地）是由北京市应急管理局组织建设、北京市安全生产科学技术研究院研发设计、首钢工学院（首钢技师学院）提供场地和运维支持，联合打造的安全生产领域政校合作基地。在实训基地建设之初，就将基地建设与普法工作统筹考虑，把“法治型”作为实训基地重要的建设内容和方向，将法治元素与文化元素融为一体，搭建推进法治文化建设的坚实载体，并开展了一系列常态化、智能化、互动化的法治宣传活动，基地按照实景型、实战型、法治型、专业型、科技型、改善型的理念进行建设。在2019年北京市第一批“法治宣传教育示范基地”命名评选活动中，经实地考察、严格审核和中共北京市委全面依法治市委员会守法普法协调小组会议审议，北京市安全生产实训基地成为北京市第一批“法治宣传教育示范基地”之一。

6.6.2 产业发展情况

实训基地按照“国内一流、富有特色、实用性强”的建设理念，在培训方式、展陈技术等方面大胆突破、重新定位，以“隐患排查和风险识别”为主题，通过实景搭建、三维动画、虚拟现实、电子沙盘、微缩模型、红外感应、三维动画等现代化科技手段，还原生产经营现场，采用虚实结合的方式布置安全隐患。实训基地共设置实景隐患2621个，动画隐患533个，互动考题2853个，被形象地称为“风险隐患靶场”，是国内第一家实景型、法制型、专业型、实战型、科技型和改善型“六型”实训基地。

实训基地较其他安全类基地相比，具有三大特色。一是实景还原，实战培训。实训基地最大限度地还原真实生产经营一线，全流程全要素地模拟真实的隐患排查过程。这里既可以看到高达8米的建筑施工脚手架，还可以看到等比例规格的加油站。同时，针对监管部门的执法检查人员，嵌入执法程序训练板块，从出示证件到文书填写均有涉及，可以对执法人员执法程序执行情况和规范文明执法情况进行实训。二是科技主导，综合互动。实训基地综合运用前沿科技丰富实景化展示模式，如通过VR技术，模拟因场地或技术条件无法实现实景搭建的场景；通过三维动画，还原人员作业违章等动态的安全隐患；通过沙盘和微缩景观技术，将一些庞大的场景或是局部需要放大的场景，制作成微缩景观；通过二维码、红外技术，对场景中的隐患进行综合展示。三是因需而生，因时而动。实训基地依据现行的法律法规和标准规范，梳理了20多个行业领域常见的安全隐患清单，将隐患分为3个级别，以适应不同层级层次学员的教学需求，且场景设置具有前瞻性，可因需灵活调整，即当现实生产活动或法规标准出现变化，实训基地对应的场景就可以随时作出相对应的调整。

目前该实训基地占地2700平方米，总体呈现“5厅2室1走廊”的布局，即高危行业厅、工业综合厅、城市风险厅、仓储综合厅、综合业态厅、配电室、危化品实验室、公共走廊，涵盖了建筑施工、高处悬吊、高低压变配电室等30个与城市运行安全密切相关的行业场景。

7 北京市及其周边地区典型灾害场景产品应用分析

7.1 自然灾害产品应用分析

7.1.1 基本概况

自然灾害是指给人类生存带来危害或损害人类生活环境的自然现象。我国是世界上自然灾害种类最多的国家，2022 年我国各种自然灾害共造成 1.12 亿人次受灾，因灾死亡失踪 554 人，直接经济损失 2386.5 亿元。

随着城市化进程的加快，城市规划建设对预防自然灾害的考虑不够充分，崩塌、滑坡、泥石流、地面沉降和地裂缝等地质灾害和暴雨引发城市内涝等成为直接影响城市运行、居民生命健康和财产安全的主要自然灾害种类，由其引发的交通事故等次生危机事件也逐步影响城市的经济发展。

北京市地处华北平原，地势较低，其地质灾害隐患呈现点多、面广、影响严重的特点，而随着城市的发展，大量建筑物和人口密度的增加使得地表水排除难度增大，面临较大的自然灾害的风险。北京市常见的自然灾害有山洪、崩塌、滑坡、泥石流、地震、城市内涝等，如北京市“7·21”特大暴雨、“8·12”强降雨导致了城市内涝等。

7.1.2 主要产品类别及重点企业

7.1.2.1 暴雨洪涝灾害

暴雨是指降水强度很大的雨，常在积雨云中形成。按照发生和影响范围的大小将暴雨划分为局地暴雨、区域性暴雨、大范围暴雨、特大范围暴雨。暴雨是中国主要气象灾害之一，长时间的暴雨容易产生积水或径流淹没低洼地段，常导致山洪暴发、水库垮坝、江河横溢、房屋被冲塌、农田被淹没、交通和电信中断，不仅影响工农业生产，而且可能危害人民的生命财产安全。

北京市历史上发生频率最高、自然灾害最严重的为水灾，历史上水灾 80% 以上都发生在阴历六七月份。2012 年发生的“7·21”北京特大暴雨是 61 年来最强暴雨及洪涝灾害，北京市房山区受灾最为严重，导致 79 人遇难，受灾人数达 160.2 万人，经济损失 116.4 亿元。

本部分以暴雨洪涝灾害为主要场景，参考《北京市重点安全与应急企业及产品目录（2021 年版）》，梳理出与该类灾害相关的北京市重点企业及其主要产品，形成暴雨洪涝灾害供应产品和服务目录，见表 7-1。

表 7-1　暴雨洪涝灾害供应产品和服务目录

大类	中类	小类	产品名称	企业名称
监测预警类	自然灾害监测预警类	地质灾害监测预警类产品	一体化智能泥水位监测站	北京国信华源科技有限公司
		水旱灾害监测预警类产品	小流域山洪灾害入户预警系统	北京国信华源科技有限公司
			山洪灾害预警软件	北京奥特美克科技股份有限公司
			在线预警机	北京国信华源科技有限公司
			水位报警器	北京国信华源科技有限公司
				北京奥特美克科技股份有限公司
			入户报警器	北京国信华源科技有限公司
			水库下游预警管理系统	北京国信华源科技有限公司
			水库安全综合管理系统	北京国信华源科技有限公司
			河长制信息化管理系统	北京国信华源科技有限公司
			河道预警系统	北京国信华源科技有限公司
			山洪参数综合应急测量系统	北京国信华源科技有限公司
			水资源实时监控与管理平台	北京奥特美克科技股份有限公司
	事故灾难监测预警类	突发事件通用监测预警产品	应急广播系统	太极计算机股份有限公司
				北京北广科技股份有限公司
	社会安全事件监测预警类	城市公共安全监测预警产品	突发事件预警信息发布平台系统服务	北京人人平安科技有限公司
			天空地一体化城市基础设施安全监测系统	航天科工海鹰集团有限公司
			智慧民政减灾救灾平台	航天正通汇智（北京）科技股份有限公司
	通用监测预警类	突发事件通用监测预警产品	倾斜摄影系统	北方天途航空技术发展（北京）有限公司
			安防无人机	北方天途航空技术发展（北京）有限公司
			X 波段 SAR 卫星	北京微纳星空科技有限公司
			“航天宏图一号”卫星	航天宏图信息技术股份有限公司

表7-1(续)

大类	中类	小类	产品名称	企业名称
应急救援处置类	现场保障类	现场信息快速采集产品	手持式雷达流速仪	北京海富达科技有限公司
		应急通信与指挥产品	4G便携式无线视频终端箱	北京有恒斯康通信技术有限公司
			便携式4G基站	北京有恒斯康通信技术有限公司
			天地一体应急通信解决方案	北京中兴高达通信技术有限公司
			无线宽带专网	北京市科瑞讯科技发展股份有限公司
			快速部署系统	鼎桥通信技术有限公司
			多媒体集群系统	北京捷思锐科技股份有限公司
			单兵台	北京欧远致科技有限公司
			手持集群终端	鼎桥通信技术有限公司
			应急无线宽带固定站（核心网+基站）	大唐移动通信设备有限公司
			应急无线宽带终端	大唐移动通信设备有限公司
			无人值守站	北京欧远致科技有限公司
			应急无线通信系统	北京海格神舟通信科技有限公司
			应急卫星通信系统	北京星际安讯科技有限公司
				北京中科国信科技股份有限公司
			卫星网络管理系统	北京星际安讯科技有限公司
			卫星设备监控系统	北京星际安讯科技有限公司
			无人机远程通信系统	北京星际安讯科技有限公司
			多路图传（网传）数据链	北京中科国信科技股份有限公司
			系留式无人机系统	中国移动
			卫星便携站	北京微纳星空科技有限公司
			系留无人机高空基站设备	北京佰才邦技术股份有限公司
			应急通信车	北京网信通信息技术股份公司
			应急通信车设备方舱	北京网信通信息技术股份公司
			封闭空间应急救援通信定位告警和照明系统	北京金坤科创技术有限公司
			应急指挥产品	北京市科瑞讯科技发展股份有限公司
			应急指挥调度业务平台	大唐移动通信设备有限公司

表7-1(续)

大类	中类	小类	产品名称	企业名称
应急救援处置类	现场保障类	应急通信与指挥产品	多媒体调度系统	北京捷思锐科技股份有限公司
			“第一响应人”应急志愿者指挥调度系统服务	北京人人平安科技有限公司
			救援现场应急通信与指挥决策系统	北京人人平安科技有限公司
			应急通信指挥车（大型、中型、小型）	北京诚志北分机电技术有限公司
			应急救援车系列	北京市联创立源科技有限公司
			新一代应急指挥平台系列软件产品	航天正通汇智（北京）科技股份有限公司
			立体应急通信指挥调度台	北京欧远致科技有限公司
			应急指挥信息平台	中盾应急救援（集团）有限公司
			应急综合应用平台	欣纬智慧（北京）安全科技有限公司
			应急综合应用平台	太极计算机股份有限公司
			突发事件报送系统	太极计算机股份有限公司
			应急一张图	太极计算机股份有限公司
			型北斗三号民用 RSMC（区域短报文）模块	北京航睿智新科技有限公司
			型北斗三号民用 RSMC（区域短报文）双模模块	北京航睿智新科技有限公司
			北斗移动终端	北京九天利建信息技术股份有限公司
				北京合众思壮科技股份有限公司
				恒宇北斗（北京）科技发展股份有限公司
		应急动力能源	充电方舱	咸亨国际应急科技研究院（北京）有限公司
			应急照明控制器	北京中科知创电器有限公司
			便携式助降灯光系统	海丰通航科技有限公司
		应急后勤保障产品	紫外线饮用水消毒器	北京双悦时代水处理设备有限公司
			供水设备、污水泵	北京同力华盛智慧水务有限公司
			净水车	北京三兴汽车有限公司

表7-1（续）

大类	中类	小类	产品名称	企业名称
应急救援处置类	现场保障类	应急后勤保障产品	背囊式反渗透净水器	北京碧水源科技股份有限公司
			智能一体化污水净化系统	北京碧水源科技股份有限公司
			单人便携式超滤净水器	北京碧水源科技股份有限公司
			碧水源应急式反渗透净水器	北京碧水源科技股份有限公司
			救灾帐篷	北京五环精诚帐篷有限责任公司
			多功能充气救援担架	国仁应急救援咨询服务有限公司
			消毒液	北京洛娃日化有限公司
			应急净水处理车	北京碧水源科技股份有限公司
			便携式净水器	北京碧水源科技股份有限公司
			应急物资系列	北京市联创立源科技有限公司
		其他现场保障类	天然水及饮料	今麦郎饮品股份有限公司
			面粉和方面食品	今麦郎饮品股份有限公司
	生命救护类	探索检测产品	生命探测仪	国仁应急救援咨询服务有限公司
				中科九度（北京）空间信息技术有限责任公司
			人员精准定位	北京中燕建设工程有限公司
			蓝牙 AOA 高精度定位系统	蓝色创源（北京）科技有限公司
		紧急医疗救护产品	过氧乙酸消毒液	北京洗得宝消毒制品有限公司
			碘伏消毒液	北京洗得宝消毒制品有限公司
				北京诺和锐科技发展有限公司
			手消毒凝胶	北京洗得宝消毒制品有限公司
				北京诺和锐科技发展有限公司
			84 消毒液	北京洗得宝消毒制品有限公司
			消毒片	北京洗得宝消毒制品有限公司
			植物源杀菌清洁剂	北京诺和锐科技发展有限公司
			呼吸机	北京谊安医疗系统股份有限公司
			医疗急救包	北京红立方医疗设备有限公司
			应急救援包	北京红立方医疗设备有限公司
			急救箱	北京红立方医疗设备有限公司
		安防救生产品	充气管道救援套组	国仁救援产业投资有限公司

表7-1(续)

大类	中类	小类	产品名称	企业名称
应急救援处置类	抢险救援类	工程抢险救援机械	便携式大流量水泵	北京市软银科技开发有限责任公司
			水上救援机器人	北京东方强晟科技有限公司
			75米跨度机械化桥	中国安能建设集团有限公司
		消防设备	充气防汛救生艇	北京五环精诚帐篷有限责任公司
			便携式折叠冲锋舟	北京援速消防技术有限公司
		救援交通工具	无人越野平台	北京凌天智能装备集团股份有限公司
			水陆两栖全地形应急救援车	北京凌天智能装备集团股份有限公司
	其他应急救援处置类	—	应急救援无人直升机	北京航景创新科技有限公司
			水域救援系列	北京市联创立源科技有限公司
安全应急服务类	评估咨询类	管理与技术咨询	数字化应急预案智能应用系统	北京百分点科技集团股份有限公司
			案例库系统	北京联创众升科技有限公司
			应急知识库系统	北京百分点科技集团股份有限公司
	应急救援类	事故救援	航空医疗救援服务	北京华彬天星通用航空股份有限公司
	教育培训类	专业安全培训	班组小易安全教育培训系统	北京中燕建设工程有限公司
		大众普及教育和培训	防灾减灾移动科普馆	北京备安文化传播有限公司
			应急培训演练综合科普馆	咸亨国际应急科技研究院（北京）有限公司
		安全应急体验演练	情景演练系统	咸亨国际应急科技研究院（北京）有限公司
				煤炭科学技术研究院有限公司
			应急处置模拟教学系统	北京爱迪科森教育科技股份有限公司
	其他安全应急服务类	测绘保障	可视化标绘平台	咸亨国际应急科技研究院（北京）有限公司

7.1.2.2 地质灾害

地质灾害是指在自然或人为因素的作用下出现的对人类生命财产安全造成损失、对环境造成破坏的地质作用或地质现象。地质灾害的复杂性、隐蔽性、突发性、动态性和不确定性导致很难提前预知地质灾害的发生，其对人类生存发展、经济建设的影响甚大，因此地质灾害防治成为城市发展必须要解决的难题。

本部分以地质灾害为主要场景，参考《北京市重点安全与应急企业及产品目录（2021年版）》，梳理出与该类灾害相关的北京市重点企业及其主要产品，形成地质灾害供应产品和服务目录，见表7-2。

表7-2 地质灾害供应产品和服务目录

大类	中类	小类	产品名称	企业名称
监测预警类	自然灾害监测预警类	地质灾害监测预警产品	地质灾害防治信息化平台	苍穹数码技术股份有限公司
			地质灾害监测预警系统	中安国泰（北京）科技发展有限公司
			地质灾害自动化监测预警系统	北京荣创岩土工程股份有限公司
			一体化智能泥水位监测站	北京国信华源科技有限公司
			一体化声光报警站	北京国信华源科技有限公司
			“天眼”卫星监测系统	航天宏图信息技术股份有限公司
			微芯系列智能传感产品	北京中关村智连安全科学研究院有限公司
			天空地一体化灾害早期识别及实时预警服务	北京中关村智连安全科学研究院有限公司
	通用监测预警类	突发事件通用监测预警产品	倾斜摄影系统	北方天途航空技术发展（北京）有限公司
			Unicorn 系列 A/B	北京俪鸥航空科技有限公司
			安防无人机	北方天途航空技术发展（北京）有限公司
			应急广播系统	北京北广科技股份有限公司
				太极计算机股份有限公司

表7-2(续)

大类	中类	小类	产品名称	企业名称
应急救援处置类	现场保障类	应急通信与指挥产品	4G便携式无线视频终端箱	北京有恒斯康通信技术有限公司
			便携式4G基站	北京有恒斯康通信技术有限公司
			天地一体应急通信解决方案	北京中兴高达通信技术有限公司
			无线宽带专网	北京市科瑞讯科技发展股份有限公司
			快速部署系统	鼎桥通信技术有限公司
			多媒体集群系统	北京捷思锐科技股份有限公司
			单兵台	北京欧远致科技有限公司
			手持集群终端	鼎桥通信技术有限公司
			宽带应急一体化车载站	大唐移动通信设备有限公司
			应急无线宽带终端	大唐移动通信设备有限公司
			应急无线通信系统	北京海格神舟通信科技有限公司
			应急卫星通信系统	北京星际安讯科技有限公司
				北京中科国信科技股份有限公司
			卫星网络管理系统	北京星际安讯科技有限公司
			卫星设备监控系统	北京星际安讯科技有限公司
			天启应急塔	北京国电高科科技有限公司
			天启运营支撑系统服务	北京国电高科科技有限公司
			无人机远程通信系统	北京星际安讯科技有限公司
			多路图传（网传）数据链	北京中科国信科技股份有限公司
			应急通信车	北京网信通信息技术股份公司
			应急通信车设备方舱	北京网信通信息技术股份公司
			小型应急通信车	北京北电科林电子有限公司
			系列大容量高性能FPGA芯片	中科九度（北京）空间信息技术有限责任公司
			卫星通信系统	北京微纳星空科技有限公司
			应急便携通信指挥系统	北京华环电子股份有限公司
			华力创通天通一号系列产品	北京华力创通科技股份有限公司
			天信通卫星应急通信系统	北京华力创通科技股份有限公司
			封闭空间应急救援通信定位告警和照明系统	北京金坤科创技术有限公司

表7-2(续)

大类	中类	小类	产品名称	企业名称
应急救援处置类	现场保障类	应急通信与指挥产品	应急指挥产品	北京市科瑞讯科技发展股份有限公司
			应急指挥调度业务平台	大唐移动通信设备有限公司
			应急指挥中心	北京北电科林电子有限公司
			多媒体调度系统	北京捷思锐科技股份有限公司
			救援现场应急通信与指挥决策系统	北京人人平安科技有限公司
			应急通信指挥车（大型、中型、小型）	北京诚志北分机电技术有限公司
			应急指挥车	北京北电科林电子有限公司
				北京备安科贸有限公司
			应急指挥信息系统	北京辰安科技股份有限公司
			地震应急指挥一张图系统	北京英莫科技有限公司
			新一代应急指挥平台系列软件产品	航天正通汇智（北京）科技股份有限公司
			立体应急通信指挥调度台	北京欧远致科技有限公司
			应急指挥信息平台	中盾应急救援（集团）有限公司
			应急综合应用平台	欣纬智慧（北京）安全科技有限公司
			应急综合应用平台	太极计算机股份有限公司
			应急一张图	太极计算机股份有限公司
			城市防灾减灾综合管理平台	北京云庐科技有限公司
			城市云服务平台	软通动力信息技术（集团）有限公司
			边缘智能应急指挥信息系统	北京佳讯飞鸿电气股份有限公司
			综合指挥测控车	北京航景创新科技有限公司
			实战指挥平台	亿江（北京）科技发展有限公司
			应急指挥辅助决策系统	北京百分点科技集团股份有限公司
			4G一体化无线摄像机	北京有恒斯康通信技术有限公司
			智能网联特种车	北京北电科林电子有限公司

表7-2(续)

大类	中类	小类	产品名称	企业名称
应急救援处置类	现场保障类	应急通信与指挥产品	便携式机载北斗双模定位一体机	恒宇北斗（北京）科技发展股份有限公司
			北斗地面指挥机	恒宇北斗（北京）科技发展股份有限公司
			航空调度平台系统	恒宇北斗（北京）科技发展股份有限公司
			车载静中通卫星通信天线（KU 频段）	北京爱科迪通信技术股份有限公司
			正馈全自动卫星通信便携站（KU 频段）	北京爱科迪通信技术股份有限公司
			系列正馈全自动卫星通信便携站（KU 频段）	北京爱科迪通信技术股份有限公司
			背负式自动卫星通信天线（Ka 频段）	北京爱科迪通信技术股份有限公司
			车载动中通卫星通信站（Ka 频段）	北京爱科迪通信技术股份有限公司
			北斗地灾监测系统	北京华力创通科技股份有限公司
			北斗移动终端	北京九天利建信息技术股份有限公司
				北京合众思壮科技股份有限公司
				恒宇北斗（北京）科技发展股份有限公司
	生命救护类	探索检测产品	生命探测仪	国仁应急救援咨询服务有限公司
				中科九度（北京）空间信息技术有限责任公司
			人员精准定位	北京中燕建设工程有限公司
			蓝牙 AOA 高精度定位系统	蓝色创源（北京）科技有限公司
			高精度定位算法和位置物联网方案	蓝色创源（北京）科技有限公司
	其他应急救援处置类	—	应急救援无人直升机	北京航景创新科技有限公司

表7-2(续)

大类	中类	小类	产品名称	企业名称
安全应急服务类	评估咨询类	管理与技术咨询	防灾减灾与应急管理卫星综合应用系统	航天宏图信息技术股份有限公司
	应急救援类	监测预警	灾害综合风险监测预警系统	航天宏图信息技术股份有限公司
			突发事件预警信息发布能力提升工程	航天宏图信息技术股份有限公司
		事故救援	数据云	中科星图股份有限公司
		其他应急救援服务	全国应急避难场所信息管理服务系统	航天宏图信息技术股份有限公司

7.2 生产安全事故产品应用分析

7.2.1 基本概况

根据北京市2022年国民经济和社会发展统计公报数据显示，全年共发生生产经营性火灾事故、工矿商贸生产安全事故、生产经营性道路交通事故、铁路交通事故、农业机械、特种设备、民用航空器事故381起，死亡401人。火灾是各类灾害中最常见、最普遍的威胁人的生命健康和财产安全的主要灾害之一，本部分以火灾为典型灾害场景进行产品应用分析。

7.2.2 主要产品类别及重点企业

火灾等级分为一般火灾、较大火灾、重大火灾和特别重大火灾四级。据统计，2022年全国消防救援队伍接报处置各类警情209.2万起，接报火灾82.5万起，因灾死亡2053人、受伤2122人，直接财产损失71.6亿元。城市火灾的起因主要为电气火灾、生产作业火灾、自燃火灾等。

火灾的突发性和随机性导致当城市内发生火灾时，局部区域的交通中断、城市生命工程系统会受到影响，从而导致城市区域发生瘫痪，阻碍救灾工作的指挥和进行。此时，需要更多、更加专业、更加先进的救火装备辅助救援，避免造成更大的人员伤亡和财产损失。

本部分以火灾为主要场景，参考《北京市重点安全与应急企业及产品目录（2021年版）》，梳理出与该类灾害相关的北京市重点企业及其主要产品，形成火灾事故供应产品和服务目录，见表7-3。

表 7-3　火灾事故供应产品和服务目录

大类	中类	小类	产品名称	企业名称
安全防护类	个体防护类	头部防护用品	智能安全帽	北京中燕建设工程有限公司
		呼吸防护用品	“生命卫士”呼吸面罩	中国航天科工集团第二研究院二〇六所
			化学氧消防自救呼吸器	北京安氧特科技有限公司
			隔绝式化学氧作业呼吸器	北京安氧特科技有限公司
			正压式空气呼吸器	北京安氧特科技有限公司
				轩维技术（北京）有限公司
		躯干防护用品	重型防护服	轩维技术（北京）有限公司
			飞行服	北京英特莱科技有限公司
		足部防护用品	森林灭火作战防护靴	际华集团股份有限公司
			抢险救援靴	际华集团股份有限公司
		其他防护用品	消防服装全生命周期管理系统	北京英特莱科技有限公司
			高压防护报警器	北京援速消防技术有限公司
	专用安全生产类	安防专用安全生产装备	面向公共安全的智感安防系统	北京睿芯高通量科技有限公司
			智慧可视化安全生产监管系统	北京睿芯高通量科技有限公司
监测预警类	事故灾难监测预警类	危险化学品安全（含有毒有害气体）监测预警产品	数显固定式有毒气体检测报警仪	北京安赛克科技有限公司
			气体分析仪	北京均方理化科技研究所
			注样仪	北京均方理化科技研究所
		火灾监测预警产品	燃气安全无线预警报警系统	北京安赛克科技有限公司
			气体报警防护智慧监测系统	北京安赛克科技有限公司
			无人值班变电站消防早期预警系统	北京蛙火科技有限公司
			电器火灾监控系统	中盾应急救援（集团）有限公司
			静止卫星遥感林火监测系统	航天宏图信息技术股份有限公司
			智能消防应急疏散指示系统	中盾应急救援（集团）有限公司
		突发事件通用监测预警产品	应急广播系统	北京北广科技股份有限公司
				太极计算机股份有限公司
	社会安全事件监测预警类	城市公共安全监测预警产品	突发事件预警信息发布平台系统服务	北京人人平安科技有限公司
			燃气安全监测云	北京市联创立源科技有限公司

表7-3(续)

大类	中类	小类	产品名称	企业名称
监测预警类	通用监测预警类	突发事件通用监测预警产品	安防无人机	北方天途航空技术发展（北京）有限公司
应急救援处置类	现场保障类	现场信息快速采集产品	防爆消防灭火侦察机器人	北京凌天智能装备集团股份有限公司
			多旋翼无人机	北京俪鸥航空科技有限公司
			八旋翼飞行器系统	北京凌天世纪控股股份有限公司
		应急通信与指挥产品	应急无线宽带固定站（核心网+基站）	大唐移动通信设备有限公司
			天地一体应急通信解决方案	北京中兴高达通信技术有限公司
			应急通信车	北京网信通信息技术股份公司
			应急通信车设备方舱	北京网信通信息技术股份公司
			卫星通信系统	北京微纳星空科技有限公司
			应急指挥产品	北京市科瑞讯科技发展股份有限公司
			应急指挥调度业务平台	大唐移动通信设备有限公司
			应急指挥中心	北京北电科林电子有限公司
			多媒体调度系统	北京捷思锐科技股份有限公司
			“第一响应人”应急志愿者指挥调度系统服务	北京人人平安科技有限公司
			救援现场应急通信与指挥决策系统	北京人人平安科技有限公司
			应急通信指挥车（大型、中型、小型）	北京诚志北分机电技术有限公司
			应急指挥车	北京北电科林电子有限公司
			应急救援车系列	北京市联创立源科技有限公司
			应急指挥信息系统	北京辰安科技股份有限公司
			新一代应急指挥平台系列软件产品	航天正通汇智（北京）科技股份有限公司
			立体应急通信指挥调度台	北京欧远致科技有限公司
			应急指挥信息平台	中盾应急救援（集团）有限公司
			应急综合应用平台	欣纬智慧（北京）安全科技有限公司

表7-3(续)

大类	中类	小类	产品名称	企业名称
应急救援处置类	现场保障类	应急通信与指挥产品	公共安全应急值守系统	欣纬智慧（北京）安全科技有限公司
			应急综合应用平台	太极计算机股份有限公司
			突发事件报送系统	太极计算机股份有限公司
			应急一张图	太极计算机股份有限公司
			综合指挥测控车	北京航景创新科技有限公司
			北斗地面指挥机	恒宇北斗（北京）科技发展股份有限公司
			航空调度平台系统	恒宇北斗（北京）科技发展股份有限公司
			车载静中通卫星通信天线（KU频段）	北京爱科迪通信技术股份有限公司
			正馈全自动卫星通信便携站（KU频段）	北京爱科迪通信技术股份有限公司
			系列正馈全自动卫星通信便携站（KU频段）	北京爱科迪通信技术股份有限公司
			背负式自动卫星通信天线（Ka频段）	北京爱科迪通信技术股份有限公司
			车载动中通卫星通信站（Ka频段）	北京爱科迪通信技术股份有限公司
			北斗三号民用多模一体化终端	北京航睿智新科技有限公司
			北斗移动终端	北京九天利建信息技术股份有限公司
				北京合众思壮科技股份有限公司
				恒宇北斗（北京）科技发展股份有限公司
		应急动力能源	消防应急电源	北京动力源科技股份有限公司
			消防应急照明灯具	北京中科知创电器有限公司
		应急后勤保障产品	多功能充气救援担架	国仁应急救援咨询服务有限公司
			应急物资系列	北京市联创立源科技有限公司
		警戒警示产品	反光材料	北京援速消防技术有限公司
			智能消防应急照明和疏散指示系统	北京动力源科技股份有限公司

表7-3（续）

大类	中类	小类	产品名称	企业名称
应急救援处置类	生命救护类	探索检测产品	生命探测仪	国仁应急救援咨询服务有限公司
				中科九度（北京）空间信息技术有限责任公司
		紧急医疗救护产品	过氧乙酸消毒液	北京洗得宝消毒制品有限公司
			碘伏消毒液	北京洗得宝消毒制品有限公司
				北京诺和锐科技发展有限公司
			手消毒凝胶	北京洗得宝消毒制品有限公司
				北京诺和锐科技发展有限公司
			消毒片	北京洗得宝消毒制品有限公司
			植物源杀菌清洁剂	北京诺和锐科技发展有限公司
			呼吸机	北京谊安医疗系统股份有限公司
			应急救援包	北京红立方医疗设备有限公司
			急救箱	北京红立方医疗设备有限公司
		安防救生产品	应急包	北京安氧特科技有限公司
				中盾应急救援（集团）有限公司
				北京有备科援科技有限公司
			逃生滑道	北京有备科援科技有限公司
	抢险救援类	工程抢险救援机械	便携式排烟机	中安财富（北京）国际科技有限公司
			中型智能消防排烟机器人	哈工大机器人集团北京军立方科技有限公司
		消防装备	液体灭火逃生瓶	北京有备科援科技有限公司
			水陆两栖固定翼航空消防飞机	中国航空工业集团有限公司
			应急救援机器人	国科瀚海激光科技（北京）有限公司
			便携遥感式激光检测仪	国科瀚海激光科技（北京）有限公司
			小型智能消防（灭火）机器人（高配）	哈工大机器人集团北京军立方科技有限公司
			中型智能消防（灭火）机器人	哈工大机器人集团北京军立方科技有限公司

表7-3（续）

大类	中类	小类	产品名称	企业名称
应急救援处置类	抢险救援类	消防装备	消防机器人	北京凌天智能装备集团股份有限公司
			车载自动灭火装置	北京有备科援科技有限公司
			灭火剂	北京威业源生物科技有限公司
			火场快速降温弹、灭火弹	中安财富（北京）国际科技有限公司
			头盔式红外热像仪	中安财富（北京）国际科技有限公司
			玻璃剪切破碎器	中安财富（北京）国际科技有限公司
			便携式电动升降机	中安财富（北京）国际科技有限公司
			高层建筑干粉消防车	中国航天科工集团第二研究院二〇六所
			浮艇泵	轩维技术（北京）有限公司
			激光远程位移检测仪	北京凌天智能装备集团股份有限公司
			单兵森林草原灭火侦打一体套装	北京凌天智能装备集团股份有限公司
			车载式多管脉冲炮	北京九州尚阳科技有限公司
			脉冲气压喷雾水枪	北京九州尚阳科技有限公司
			高压脉冲风水灭火系统	北京九州尚阳科技有限公司
			脉冲查打一体无人机	北京九州尚阳科技有限公司
			水基灭火剂	北京昊特消防器材科技有限公司
			阻燃剂	北京昊特消防器材科技有限公司
			车载式脉冲气压喷雾灭火装备	北京九州尚阳科技有限公司
			火探管式感温自启动灭火装置	亿江（北京）科技发展有限公司
			消防安全预控管理平台	亿江（北京）科技发展有限公司
			消防员防护服装	北京英特莱科技有限公司
			消防备勤防护系统	北京英特莱科技有限公司

表7-3(续)

大类	中类	小类	产品名称	企业名称
应急救援处置类	其他应急救援处置类	—	FWH-1000	北京航景创新科技有限公司
			无人直升机系统	北京航景创新科技有限公司
			无人机森林灭火系统	北京航景创新科技有限公司
			应急救援无人直升机	北京航景创新科技有限公司
			无人机	北京昊特消防器材科技有限公司
安全应急服务类	评估咨询类	应急心理干预	职业消防员心理建设系统	北京英特莱科技有限公司
		管理与技术	案例库系统	北京联创众升科技有限公司
		咨询	应急知识库系统	北京百分点科技集团股份有限公司
		事故救援	森林防火巡查	北京华彬天星通用航空股份有限公司
	教育培训类	专业安全培训	生产安全 VR 演练平台	北京中德启锐安全设备有限公司
			应急救援培训平台	北京博良胜合科技有限公司
			班组小易安全教育培训系统	北京中燕建设工程有限公司
		大众普及教育和培训	防灾减灾移动科普馆	北京备安文化传播有限公司
			安全体验岛	北京中德启锐安全设备有限公司
			消防安全科普教育基地	北京身临其境文化股份有限公司
			应急培训演练综合科普馆	咸亨国际应急科技研究院（北京）有限公司
		安全应急体验演练	移动式模拟灭火/VR 体验站	北京中德启锐安全设备有限公司

7.3 突发社会安全事件产品应用分析

7.3.1 基本概况

突发社会安全事件是指突然发生的、造成或者可能造成重大人员伤亡、重大财产损失的、对部分地区的经济社会稳定、政治安定构成威胁或损害和有重大社会影响的涉及社会安全的紧急事件，主要包括重大刑事案件、恐怖袭击事件、涉外突发事件、金融安全事件、规模较大的群体性事件以及其他社会影响严重的突发性社会安全事件。

北京市因其政治中心、国际交往中心、科技创新中心的定位，会承办各类国际性、国家级的重要会议和重大活动，如“一带一路”国际合作高峰论坛、中国抗战胜利70周年阅兵、国庆70周年纪念活动、北京冬奥会等，面临如暴恐事件等突发社会安全事件的风险较大，使其对于应对突发社会安全事件的技术需求较高。

7.3.2 主要产品类别及重点企业

在突发社会安全事件场景下的安全应急产品主要以监测预警类、应急救援处置类以及应急服务类产品为主，涉及重大活动安全保障的产品体系大体可分为以下品类，如图7-1所示。

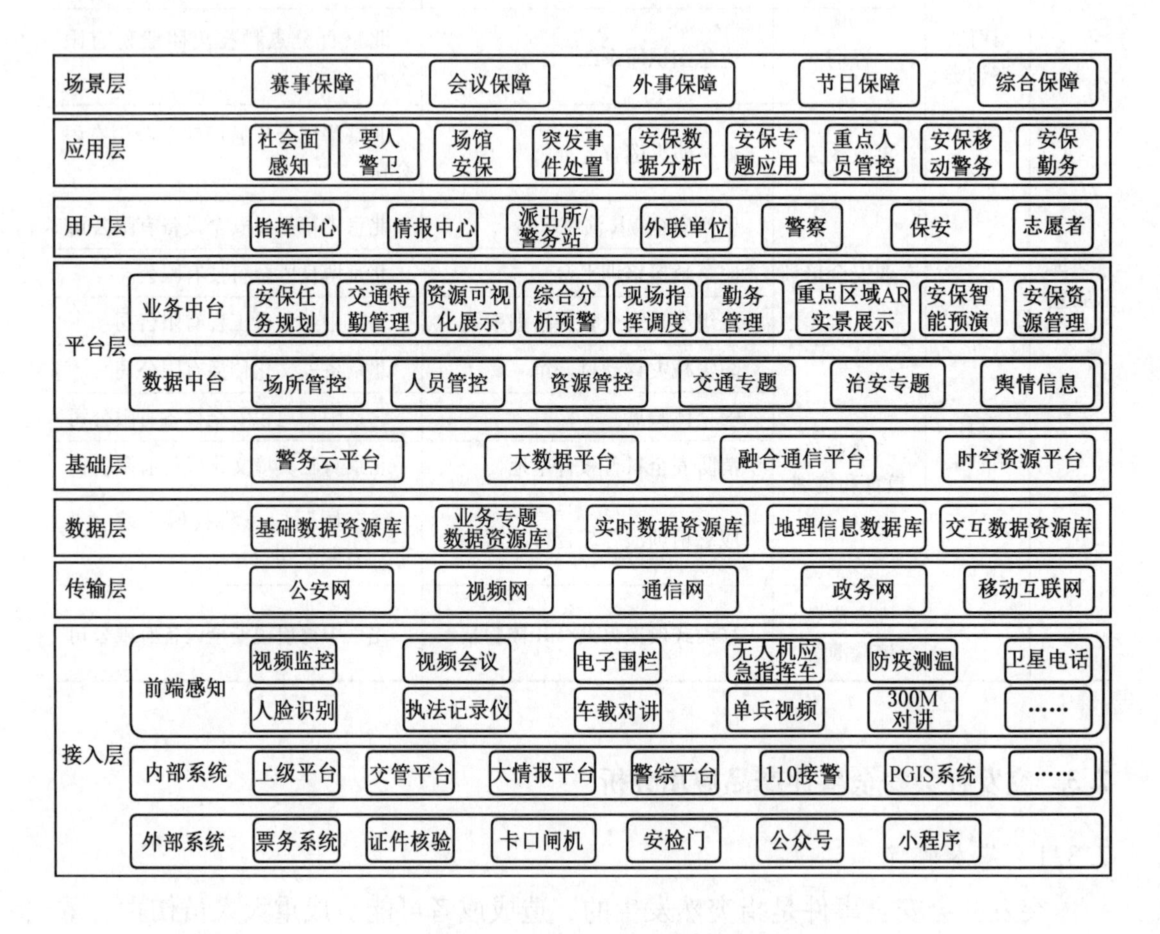

图7-1 重大活动安保产品体系

本部分以暴恐事件为主要场景，参考《北京市重点安全与应急企业及产品目录（2021年版）》，梳理出与该类事件相关的产品及其供应商，形成暴恐事件供应产品和服务目录，见表7-4。

表 7-4　暴恐事件供应产品和服务目录

大类	中类	小类	产品名称	企业名称
安全防护类	个体防护类	头部防护用品	防弹头盔	北京同益中特种纤维技术开发有限公司
				北京普凡防护科技有限公司
		躯干防护用品	防弹衣	北京普凡防护科技有限公司
	安全材料类	阻隔防爆材料	防弹板	北京同益中特种纤维技术开发有限公司
				北京普凡防护科技有限公司
			防爆毯	北京普凡防护科技有限公司
	专用安全生产类	车辆专用安全生产装备	车/船联网高精定位及管控平台	中科九度（北京）空间信息技术有限责任公司
			超低空目标防御系统	中科九度（北京）空间信息技术有限责任公司
		安防专用安全生产装备	面向公共安全的智感安防系统	北京睿芯高通量科技有限公司
			智能高空安防监管系统	北京睿芯高通量科技有限公司
			自主无人驾驶的智能网联巡逻车	北京睿芯高通量科技有限公司
			智慧可视化安全生产监管系统	北京睿芯高通量科技有限公司
			车型识别系统	北京信路威科技股份有限公司
			警用车载视频记录取证系统	北京信路威科技股份有限公司
			人脸识别设备	北京北奥特道路交通设施有限公司
			视频高速人脸识别高清数字传感器	北京玖典科技发展有限公司
			防恐岗亭	北京北奥特道路交通设施有限公司
			防恐路障	北京北奥特道路交通设施有限公司
			全时空立体可视化平台	北京正安维视科技股份有限公司
			三维球机协同追视系统	北京正安维视科技股份有限公司
			室内全景监控系统	北京正安维视科技股份有限公司
			全景智能分析系统	北京正安维视科技股份有限公司
			亚信边缘 AI 一体机	亚信科技（中国）有限公司
			车牌检测器	北京玖典科技发展有限公司
			智行者无人安防巡检车	北京智行者科技有限公司

表7-4(续)

大类	中类	小类	产品名称	企业名称
监测预警类	事故灾难监测预警类	交通安全监测预警产品	路况预警系统	北京信路威科技股份有限公司
			高清车牌图像识别系统	北京信路威科技股份有限公司
		突发事件通用监测预警产品	倾斜摄影系统	北方天途航空技术发展（北京）有限公司
			网络舆情监测系统	北京智慧星光信息技术有限公司
			网察大数据分析平台	拓尔思信息技术股份有限公司
			多模态内容安全审核	北京中科闻歌科技股份有限公司
			舆情大数据分析 saas 软件	北京清博智能科技有限公司
			城市监控报警联网综合研判平台	北京中盾安全科技集团有限公司
			安防无人机	北方天途航空技术发展（北京）有限公司
			应急广播系统	北京北广科技股份有限公司
				太极计算机股份有限公司
	社会安全事件监测预警类	城市公共安全监测预警产品	奥林匹克公园平安城市	北京北电科林电子有限公司
			公众安全服务	北京市科瑞讯科技发展股份有限公司
应急救援处置类	现场保障类	应急通信与指挥产品	4G 便携式无线视频终端箱	北京有恒斯康通信技术有限公司
			便携式 4G 基站	北京有恒斯康通信技术有限公司
			天地一体应急通信解决方案	北京中兴高达通信技术有限公司
			无线宽带专网	北京市科瑞讯科技发展股份有限公司
			快速部署系统	鼎桥通信技术有限公司
			多媒体集群系统	北京捷思锐科技股份有限公司
			“2+4”宽窄带融合数字集群解决方案	北京中兴高达通信技术有限公司
			单兵台	北京欧远致科技有限公司
			手持集群终端	鼎桥通信技术有限公司
			宽带应急一体化车载站	大唐移动通信设备有限公司
			应急无线宽带终端	大唐移动通信设备有限公司
			无人值守站	北京欧远致科技有限公司
			应急无线通信系统	北京海格神舟通信科技有限公司

表7-4(续)

大类	中类	小类	产品名称	企业名称
应急救援处置类	现场保障类	应急通信与指挥产品	应急卫星通信系统	北京星际安讯科技有限公司
				北京中科国信科技股份有限公司
			卫星网络管理系统	北京星际安讯科技有限公司
			卫星设备监控系统	北京星际安讯科技有限公司
			天启应急塔	北京国电高科科技有限公司
			无人机远程通信系统	北京星际安讯科技有限公司
			应急通信车	北京网信通信息技术股份公司
			小型应急通信车	北京北电科林电子有限公司
			系列大容量高性能 FPGA 芯片	中科九度（北京）空间信息技术有限责任公司
			应急便携通信指挥系统	北京华环电子股份有限公司
			华力创通天通一号系列产品	北京华力创通科技股份有限公司
			天信通卫星应急通信系统	北京华力创通科技股份有限公司
			封闭空间应急救援通信定位告警和照明系统	北京金坤科创技术有限公司
			应急指挥产品	北京市科瑞讯科技发展股份有限公司
			应急指挥调度业务平台	大唐移动通信设备有限公司
			应急指挥中心	北京北电科林电子有限公司
			多媒体调度系统	北京捷思锐科技股份有限公司
			远程塔台指挥系统	海丰通航科技有限公司
			飞行管理系统	海丰通航科技有限公司
			应急通信指挥车（大型、中型、小型）	北京诚志北分机电技术有限公司
			应急指挥车	北京北电科林电子有限公司
				北京备安科贸有限公司
			应急指挥信息系统	北京辰安科技股份有限公司
			新一代应急指挥平台系列软件产品	航天正通汇智（北京）科技股份有限公司
			立体应急通信指挥调度台	北京欧远致科技有限公司
			应急指挥信息平台	中盾应急救援（集团）有限公司

表7-4(续)

大类	中类	小类	产品名称	企业名称
应急救援处置类	现场保障类	应急通信与指挥产品	应急综合应用平台	欣纬智慧（北京）安全科技有限公司
			公共安全应急值守系统	欣纬智慧（北京）安全科技有限公司
			应急综合应用平台	太极计算机股份有限公司
			应急一张图	太极计算机股份有限公司
			安全一体化平台	拓尔思信息技术股份有限公司
			城市云服务平台	软通动力信息技术（集团）有限公司
			边缘智能应急指挥信息系统	北京佳讯飞鸿电气股份有限公司
			综合指挥测控车	北京航景创新科技有限公司
			实战指挥平台	亿江（北京）科技发展有限公司
			应急指挥辅助决策系统	北京百分点科技集团股份有限公司
			高清网络摄像机	北京中盾安全科技集团有限公司
			智能视频综合应用系统	北京中盾安全科技集团有限公司
			4G 一体化无线摄像机	北京有恒斯康通信技术有限公司
			智能网联特种车	北京北电科林电子有限公司
			人防综合信息平台	北京辰安科技股份有限公司
			便携式机载北斗双模定位一体机	恒宇北斗（北京）科技发展股份有限公司
			北斗地面指挥机	恒宇北斗（北京）科技发展股份有限公司
			航空调度平台系统	恒宇北斗（北京）科技发展股份有限公司
			车载静中通卫星通信天线（KU 频段）	北京爱科迪通信技术股份有限公司
			正馈全自动卫星通信便携站（KU 频段）	北京爱科迪通信技术股份有限公司
			系列正馈全自动卫星通信便携站（KU 频段）	北京爱科迪通信技术股份有限公司

表7-4(续)

大类	中类	小类	产品名称	企业名称
应急救援处置类	现场保障类	应急通信与指挥产品	背负式自动卫星通信天线（Ka频段）	北京爱科迪通信技术股份有限公司
			车载动中通卫星通信站（Ka频段）	北京爱科迪通信技术股份有限公司
			北斗三号民用RSMC（区域短报文）模块	北京航睿智新科技有限公司
			北斗三号民用RSMC（区域短报文）双模模块	北京航睿智新科技有限公司
			北斗三号民用多模一体化终端	北京航睿智新科技有限公司
			北三民用RSMC（区域短报文）指挥机	北京航睿智新科技有限公司
			手提式/拉杆式/车载式北斗密码递送箱	北京航睿智新科技有限公司
			北斗移动终端	北京九天利建信息技术股份有限公司
				北京合众思壮科技股份有限公司
				恒宇北斗（北京）科技发展股份有限公司
		警戒警示产品	智能警示三角牌	跨界自由科技（北京）有限公司
	生命救护类	探索检测产品	生物气溶胶报警器	北京华泰诺安探测技术有限公司
			专业型多功能有毒有害因子探测系统	北京华泰诺安探测技术有限公司
			人体内外藏物（毒）X射线检查设备	北京中盾安全科技集团有限公司
			多功能核和辐射探测仪	北京华泰诺安探测技术有限公司
	抢险救援类	救援交通工具	Ⅰ型侦察排爆机器人	哈工大机器人集团北京军立方科技有限公司
	其他应急救援处置类	—	天网反无人机系统	中国航天科工集团第二研究院二〇六所
			雀鹰格斗无人机	中国航天科工集团第二研究院二〇六所

表7-4(续)

大类	中类	小类	产品名称	企业名称
安全应急服务类	评估咨询类	应急心理干预	特路AI情绪识别系统	特路（北京）科技有限公司
		安全工程设计及监理	安防技术的开发与应用	北京德威保安服务有限公司
		管理与技术咨询	案例库系统	北京联创众升科技有限公司
			应急知识库系统	北京百分点科技集团股份有限公司
		其他评估咨询服务	安全咨询	北京德威保安服务有限公司
	应急救援类	事故救援	空中警务巡查	北京华彬天星通用航空股份有限公司
	教育培训类	专业安全培训	安全实训基地	北京中燕建设工程有限公司
		大众普及教育和培训	校园安全教育自主教学工具包	北京应急方舟国际安全技术有限公司
			儿童防性侵海报	北京应急方舟国际安全技术有限公司
			防范陌生人跳跳棋	北京应急方舟国际安全技术有限公司
			校园安全微型体验馆	北京应急方舟国际安全技术有限公司
			安全超级市场	北京应急方舟国际安全技术有限公司
			应急安全体验基地运营	北京应急方舟国际安全技术有限公司
		安全应急体验演练	情景演练系统	咸亨国际应急科技研究院（北京）有限公司
				煤炭科学技术研究院有限公司
			应急处置模拟教学系统	北京爱迪科森教育科技股份有限公司
		其他教育培训服务	安保培训	北京德威保安服务有限公司

7.4 突发公共卫生事件产品应用分析

7.4.1 基本概况

突发公共卫生事件是指突然发生的、造成或可能造成社会公众健康严重损害的重大传染病疫情、群体性不明原因疾病、重大食物中毒和职业中毒以及其他严重影响公众健康的事件，如鼠疫、霍乱等重大传染病疫情；生物、化学、核辐射恐怖事件；溢油污染事件、放射性污染事件、爆炸污染事件等突发环境污染事件，等等。突发公共卫生事件的影响是多方面的，不仅危害公共健康，严重的还会影响社会经济发展、国际关系。

突发公共卫生事件在分布上具有明显的事件和地区差异，以传染病疫情为例，传染病的流行一般具备 3 个基本环节，即传染源、传播途径和易感人群，其传播性广、成因多样、分布差异大等特点导致传染源和传播途径较多，易成为全国性乃至全球性突发公共卫生事件。

7.4.2 主要产品类别及重点企业

本部分以突发公共卫生事件为主要场景，参考《北京市重点安全与应急企业及产品目录（2021 年版）》，梳理出与该类事件相关的北京市重点企业及其主要产品，形成突发公共卫生事件供应产品和服务目录，见表 7-5。

表 7-5　突发公共卫生事件供应产品和服务目录

大类	中类	小类	产品名称	企业名称
安全防护类	安全材料类	其他安全材料	无纺布	北京京兰非织造布有限公司
			医用防护服	际华集团股份有限公司
			防疫口罩	际华集团股份有限公司
监测预警类	事故灾难监测预警类	环境应急监测预警产品	环境辐射监测仪	同方威视技术股份有限公司
		放射性物质监测预警产品	便携式核素识别仪	同方威视技术股份有限公司
			移动式辐射监测系统	同方威视技术股份有限公司
			放射性物质监测识别仪器	北京中科核安科技有限公司
			基于大数据云平台的快速应急监测系统	北京中科核安科技有限公司
			放射性物质图像定位系统	北京永新医疗设备有限公司
			宽能型高纯锗探测器	同方威视技术股份有限公司

表7-5（续）

大类	中类	小类	产品名称	企业名称
监测预警类	突发公共卫生事件监测预警类	农产品质量安全监测预警产品	农产品食品质量安全监测和风险预警系统	北京普析通用仪器有限责任公司
			农残检测仪	北京勤邦生物技术有限公司
		药品食品安全监测预警产品	移动检测车	北京普析通用仪器有限责任公司
			食品安全快速检测胶体金试纸条及配套便携式读数仪	北京勤邦生物技术有限公司
			食品安全快速检测箱	北京勤邦生物技术有限公司
			食品安全快检车	北京勤邦生物技术有限公司
			微生物检测产品	北京勤邦生物技术有限公司
		动物疫情监测预警产品	野生动物疫源疫病监测信息数字化采集设备	中科北纬（北京）科技有限公司
			禽流感等动物疫情监测仪器设备	北京中海生物科技有限公司
		传染性疾病监测诊断预警产品	发光全定量POCT（即时检验）免疫分析仪	北京热景生物技术股份有限公司
			便携式生物战剂快速检测箱（移动式生物快速侦检仪）	北京热景生物技术股份有限公司
		公共场所体温异常人员监测预警产品	双光非制冷热成像红外测温机芯	北京中星时代科技有限公司
			红外热成像快速体温筛查系统	北京中星时代科技有限公司
		生产生活用水安全监测预警产品	紫外可见光谱仪	北京普析通用仪器有限责任公司
		其他突发公共卫生事件监测预警产品	毒剂监测仪	北京北分瑞利分析仪器（集团）有限责任公司
			气相色谱仪	北京北分瑞利分析仪器（集团）有限责任公司
			便携式有毒有害元素检测仪器	北京北分瑞利分析仪器（集团）有限责任公司

表7-5（续）

大类	中类	小类	产品名称	企业名称
应急救援处置类	现场保障类	应急后勤保障产品	紫外线饮用水消毒器	北京双悦时代水处理设备有限公司
			救灾帐篷	北京五环精诚帐篷有限责任公司
			多功能充气救援担架	国仁救援产业投资有限公司
			智行者无人清扫消毒车	北京智行者科技有限公司
			智行者无人配送车	北京智行者科技有限公司
			医疗医药卫生用品辐射消毒灭菌服务	北京鸿仪四方辐射技术股份有限公司
			食品辐射灭菌保鲜服务	北京鸿仪四方辐射技术股份有限公司
			消毒液	北京洛娃日化有限公司
	生命救护类	紧急医疗救护产品	传染病防治疫苗	北京科兴生物制品有限公司
			过氧乙酸消毒液	北京洗得宝消毒制品有限公司
			碘伏消毒液	北京洗得宝消毒制品有限公司
				北京诺和锐科技发展有限公司
			手消毒凝胶	北京洗得宝消毒制品有限公司
				北京诺和锐科技发展有限公司
			84 消毒液	北京洗得宝消毒制品有限公司
			消毒片	北京洗得宝消毒制品有限公司
			植物源杀菌清洁剂	北京诺和锐科技发展有限公司
			紫外线消毒灯车	北京双悦时代水处理设备有限公司
			呼吸机	北京谊安医疗系统股份有限公司
			医用供氧器	北京红立方医疗设备有限公司
			医用外科口罩	北京红立方医疗设备有限公司
			医疗急救包	北京红立方医疗设备有限公司
			应急救援包	北京红立方医疗设备有限公司
			急救箱	北京红立方医疗设备有限公司
			医用防护产品	际华集团股份有限公司
		安防救生产品	应急包	北京安氧特科技有限公司
				中盾应急救援（集团）有限公司
				北京有备科援科技有限公司

表7-5(续)

大类	中类	小类	产品名称	企业名称
应急救援处置类	环境处置类	洗消产品	防化洗消套件	北京森根比亚生物工程技术有限公司
			大型生化洗消气雾发生装置	北京同方洁净技术有限公司
			建筑物中央空调系统应急清洗和消毒	北京汉卓空气净化设备有限责任公司
		污染物清理设备	膜分离技术	北京天地人环保科技有限公司
			多相催化臭氧化技术	北京天地人环保科技有限公司
			抗撕裂可分离浮子式围油栏	北京燕阳新材料技术发展有限公司
		其他环境处置产品	核素识别测量仪器	北京方鸿智能科技有限公司
			建筑物中央空调系统应急卫生管理	北京汉卓空气净化设备有限责任公司

8 北京市安全应急产业发展探索与趋势

8.1 需求引导推动安全应急产业发展

首都的安全发展关系重大。当前，在我国构建国内大循环为主，国内国际双循环相互促进的新发展格局的大背景下，北京市安全应急产业首先需要服务于首都发展大局，满足首都应急体系和能力建设的需要，主动应对超大城市发展中的风险与挑战，聚焦城市风险防控、韧性城市建设、城市防灾减灾、安全生产等，打造更加安全的城市。在凝练安全应急需求的基础上，充分发挥政策引导作用，适应新发展理念，构建新发展格局，北京市安全应急产业发展要为构建共建共治共享的应急管理新格局提供坚强的产业保障。同时，北京市也要推动安全应急产业试点示范，为依法应急、科学应急、智慧应急提供必要的物质支撑，加强技术应用，带动安全应急产业高质量发展。

8.1.1 城市发展的风险与挑战

8.1.1.1 聚焦城市风险与韧性

城市是重要的区域空间载体，超大城市是其中非常重要的组成部分，极易受到各种灾害事故风险的影响。特大、超大城市面临的风险主要有极端天气引发的灾害风险、疫情引发的健康风险、城市运行中的事故灾难风险、社会安全运行风险等。据有关研究表明，特大、超大城市社会风险具有叠加效应、溢出效应、放大效应、链式效应等特点。北京市作为超大城市，承载着庞大的人口、巨额财富、海量建筑，经济社会生产生活运行复杂，各种风险隐患交织，同时，作为国家首都，以及全国的政治、文化、国际交往和科技创新中心，各类事件影响更为深远。北京市面临的自然灾害诱发因素多，存在极端天气、地质灾害、森林火灾风险、地震等灾害风险，传统安全生产领域风险依然存在，基础设施运行、重大活动保障等城市安全保障压力不断增加，新技术、新的生产生活方式带来的新兴风险也在不断增大，运行保障和应急管理职责履行要求更高。加强北京市城市风险防控，不断提升城市发展韧性，提升城市容灾抗灾能力，加大城市应急处置水平，对保障城市安全尤为重要且意义深远。

现代城市风险更为复杂，往往是多种致灾因子共同作用，多灾种灾害风险衍生与城市系统深度耦合，为灾害风险评估与治理增加了复杂性。加强风险治理，首先要做的是加强风险评估，综合利用北京市自然灾害综合风险普查的结果，详细分析北京市的主要风险源，分析城市风险的主要影响因素，形成城市风险清单。例如，为了提升防汛指挥能力，北京市组织开展了历史积水风险图项目、12345 市民反映积水诉求图项目的数据共享与成果应用工作。在城市建设和管理过程中，需要充分考虑自然灾害、突发事件可能给城市造成的直接影响和间接伤害，为应急管理、防灾减灾、公共安全预留基础设施空间、应急资源、应急资金，不断提升城市的抗风险能力。现代科学技术为城市风险治理提供了有力手段，要充分利用各类监测预警、大数据分析技术手段，加强对城市风险的早期监测预警和识别，对各类突发事件早期研判，完善风险预警渠道，做到防患于未然。此外，要不断增强城市应对突发事件的前期准备，加强应急队伍建设，做好应急装备物资的储备与保障，提升城市应急管理能力，增强城市管理的韧性。

8.1.1.2 增强城市治理水平

满足人民群众美好生活的需求，推进以人民为中心的发展理念，体现在城市治理的各个方面。我国超特大城市面临需求复杂性提升和供给满意度增加的双重挑战，存在基层治理能力不足、居民共建参与不足、管理服务能力不足、城市治理法治不足、风险防控能力不足等 5 方面不足。北京市作为国家首都，具有加强“四个中心”功能建设，提升“四个服务”能力水平，应对超大城市安全治理等迫切需求，对应急管理工作提出了新的更高要求。

首先，加强城市应急管理的法治化水平是增强城市治理的重要保障。这需要加强应急管理相关法律法规的建设，明确各类突发事件应急处置流程，细化突发事件应急管理预案体系，在应急管理和应急处置中做到依法依规开展工作，不断提升城市治理的法治化水平。

其次，增强基层的应急治理能力和现代化水平是重要基础。这需要充分发挥区县、街道、乡镇、社区在应急治理中的作用，创新基层应急治理手段，完善应急管理工具，增强城市管理的精细化水平，提升基层应急管理能力，不断增强基层在应急方面的专业化、自主化水平。

再次，加强在应急管理领域的共建共治共享是重要手段。通过安全应急文化宣传、安全应急知识科普，提升大众应急意识，增强市民作为第一响应人的自救互救能力，增加市民在安全应急方面的参与感和热情，发挥市民的聪明才智，不断提升全社会的应急能力。

最后，建立与基层应急救援队伍的协调机制是重要通路。基层应急救援队伍是应急的重要力量，在日常和灾时能够发挥重要补充作用，通过引导、鼓励基层应急救援队伍有序参与应急救援工作，加强社会应急力量与专业救援队伍的协同配合，能够解决应急力量不足的问题，不断增强城市治理水平。目前，北京市建立了市、区、街道（乡镇）三级应急志愿者队伍体系，推进应急志愿者分类分级服务管理，组织开展应急志愿者队伍共训共练，不断探索应急志愿服务"北京模式"。由北京市应急管理局审核指导、北京市青促会组织编写、应急管理出版社出版发行的《北京市应急志愿者手册》，有利于帮助志愿者提升应急能力。

8.1.1.3　应对新兴风险的挑战

现代社会在技术发展和制度创新不断带来巨大变革的同时，也不断涌现出各种新兴风险，新兴风险具有不确定性、复杂性、系统性和极端性，对社会产生了巨大影响。新兴风险是我国经济社会发展过程中新近出现的风险，同时也包括不断发展和演化的风险，它既可以是新出现的风险，又可以是不断发展变化的风险，包括网络安全风险、生产安全风险、民生事项风险、社会矛盾风险。新的科学技术革命和新的生产生活方式引发社会治理方面新的矛盾愈发凸显，这是新兴风险的重要内容。现代信息技术、通信技术的发展，给人们生产生活带来了便利，但同时也催生了电信诈骗、网络诈骗等新兴风险。大数据、人工智能技术飞速发展，但也给个人隐私、国家安全带来新的威胁。储能电站、电动车在使生活日益便捷的同时，也可能因为使用不当带来火灾隐患。人员的流动和各种交流活动的举行，给突发传染病和疫情流行带来了可能。北京市同样面临着各种新兴风险的挑战，如疫情防控期间，所面临的疫情扩散的风险。

加强对城市新兴风险的研究，是解决新兴风险难题的第一步，需要借助专家的力量，开展理论、技术研究，探索新兴风险的特点和需求，揭示新兴风险发展的规律。同时，加强对新兴风险的治理，需要由专家、利益相关者和社会公众共同参与，通过技术变革和管理模式的创新，为新兴风险的治理提供有效的解决方案，主动应对城市发展、经济社会生活中面临的新风险，这将提升北京的安全与应急能力。

8.1.2 发挥政策的引领作用

围绕安全应急产业，北京市形成了一系列有关应急管理、产业发展的政策措施，对产业形成了很好的引导和示范作用。面向未来，着眼于首都应急管理需求，还需要进一步加强顶层设计，发挥政策引导应急需求对接、产业服务、科技创新等综合作用，不断释放政策红利，带动产业发展。

8.1.2.1 健全应急管理政策

2022 年以来，北京市围绕应急管理工作出台了一系列政策举措。例如，北京市政府印发实施了《北京市突发事件救助应急预案（2023 年修订）》，北京市应急管理局印发实施了《北京市应急管理综合统计调查制度》，北京市安全生产委员会办公室组织研究制定了《隐患目录编制规范（试行）》《事故隐患分类规范（试行）》。

在安全生产领域，为了加强北京市危险化学品安全监管统筹，协调解决危险化学品安全生产重大问题，有效防范危险化学品重大安全风险，北京市安全生产委员会成立了危险化学品安全专业委员会，北京市应急管理局印发了《北京市危险化学品企业应急准备工作指引（试行）》。为发挥信用在创新监管机制、提高监管能力和水平方面的基础性作用，北京市应急管理局制定了《安全生产信用体系建设实施方案（2022—2024 年）》，围绕健全制度规范、加强信用管理、推进信用监管等方面推进安全生产信用体系建设。围绕安全生产信用体系建设，北京市应急管理局首次完成了安全评价机构信用风险分级评估，同时推进实施北京市安全生产信用信息管理系统，相关内容已写入北京市应急管理局“智慧应急”顶层设计方案。北京市发布了《北京市安全生产条例》，该条例聚焦影响首都安全生产的突出问题，强调要进一步抓好生产经营单位安全生产全员责任制、强化政府监管责任，进一步强化新产业新业态管理，加强新兴行业、领域以及使用新工艺、新技术、新材料等的安全风险辨识，并对电动车集中充电场所以及室内体验、竞技类新业态的生产经营单位需要遵守的安全管理要求作出规定。另外，北京市应急管理局还印发了《北京市煤矿企业总部安全生产监督和管理工作指南》。

在自然灾害领域，为了贯彻落实中央财经委员会第三次会议精神，落实北京市自然灾害防治工作联席会议全体会议工作部署，北京市应急管理局会同市发展改革委、市财政局、市规划自然资源委、市水务局、市地震局、市经济和信息化局等单位，研究编制了《北京市提升自然灾害防治能力行动计划（2022年—2025年）》，以应急办名义印发执行，对未来3年全市自然灾害防治工作进行全面安排部署；北京市应急管理局组织开展了自然灾害综合风险普查，推进自然灾害监测预警信息化工程项目建设；北京市印发和实施了《北京市突发地质灾害应急预案（2023年修订）》。

北京市通过制定应急管理标准和规范，为安全应急产业发展打造良好发展环境。北京市应急管理局研究制定了《北京市应急管理标准体系建设中长期规划》；北京市发布了《地质灾害现场应急救援技术规范》《街道（乡镇）救援队伍应急行动指南地震》《自然灾害应急期集中安置人员救助要求》《生产安全事故调查与分析技术规范》《安全生产等级评定技术规范　第92部分：商业零售经营单位》等地方标准，不断提升应急救援能力，规范安全生产工作；北京市安全生产联合会发布了《医院应急管理体系建设规范》《中小学校应急管理体系建设规范》《大型商业综合体应急管理体系建设规范》等团体标准，不断提升应急管理体系建设能力。

8.1.2.2　多措并举带动产业发展

安全应急产业发展，离不开政策的引导。根据《关于开展2022年北京市公共安全教育基地分类分级评估工作的通知》工作安排，北京市应急研究院积极开展北京市公共安全教育基地分类分级评估工作，燕山应急安全实训体验中心、西红门应急安全教育基地、首发集团安全体验拓展基地、西三旗安全科技馆、月坛街道平安建设宣教中心、市民消防安全教育体验馆、北京市交通安全宣传教育基地等16家单位获评北京市公共安全教育基地。

通过资金支持方式，在开展区域安全隐患治理、改善城市环境的同时，也能够带动和促进产业发展。据有关报道，2023年，地质灾害专项分指大力推进山区地质灾害隐患治理，计划投入资金约21亿元，对1307处地质灾害隐患点开展治理；水务专项分指新开工10处积水点治理工程，更新完善积水风险点台账，绘制郊区新城积水内涝风险地图；道路交通专项分指针对50条县级以上普通公路防汛隐患，先后投资2.42亿元，完成302处公路地质灾害隐患点治理；北京市排水集团落实清管行动任务，完成16万余座雨水箅子及1544公里雨水支管清掏和疏通。

此外，加强行业研究和顶层设计，能够为安全应急产业发展提供有利的支持。科学规划安全应急产业发展，开展产业顶层设计，加强产业布局引导，促进要素资源整合，完善产业发展政策，能够不断扩大产业发展规模。为进一步贯彻落实国家和北京市相关文件要求，北京市应急管理局委托应急救援装备产业技术创新战略联盟编制了《北京市安全与应急产业报告（2021 年版）》，并于 2022 年 1 月发布，该项工作在 2023 年继续实施和推进，通过产业报告的发布，进一步宣传了北京市安全应急产业发展，促进了产业交流与合作。

8. 1. 2. 3　围绕场景布局产业发展

应急管理和应急救援工作为新技术新成果新产品的应用提供了众多应用场景。立足新技术与现实的融合，北京市通过不断创新应急管理场景，带动安全应急产业发展。随着经济社会的发展，新的应急管理场景不断涌现，为安全应急产业发展带来新的机遇。2020 年 7 月，北京市发布第二批应用场景建设项目，明确提出面向城市管理，推广海淀区城市大脑场景的组织经验，重点建设智慧社区、环境治理等应用场景，大力发展城市科技，提升城市精细化管理水平。2021 年，在中关村论坛技术交易暨合作签约活动上，北京市发布了第三批 30 项应用场景建设项目清单，其中，北京市应急管理局发布了“多部门协同自然灾害监测预警与应急指挥调度系统”。这些场景都为安全应急产业发展提出了新的发展方向，围绕提升首都风险防控能力，建设安全韧性城市，构建新的场景，将新技术与相关应急管理需求相互融合，将进一步健全和完善首都安全体系。

在安全应急场景建设上，北京市大有可为，未来可以推出安全应急应用场景的“北京案例”，打造安全应急的北京样板。重点针对暴雨灾害、火灾事故、地质灾害、暴恐事件、重大活动保障、公共卫生事件、核事故、突发环境事件等典型突发事件，筛选监测、处置、救援、疏散等典型应用场景，通过揭榜挂帅向全社会进行需求发布、场景开放。鼓励行业骨干企业围绕重点需求、典型场景，研发适用产品，推出先进、适用装备，构建解决方案，开展安全应急技术创新和产品应用的典型示范，服务于首都的应急体系建设和能力提升。

8. 1. 3　推动安全应急产业示范

8. 1. 3. 1　推动安全应急装备应用示范

2021 年，工信部、发改委、科技部组织开展了安全应急装备应用试点示范工程，围绕保障安全及突发事件预防与应急处置需求，加快先进、适用、可靠的安全应急装备工程化应用。第一批示范工程涉及矿山安全、危险化学品安全、自然灾害防治、安全应急教育服务 4 个方向共 44 个项目。其中，北京市有8家单位的8个项目成功入选首批示范企业，单位包括化学工业出版社有限公司、中国中煤能源集团有限公司、北京星度科技有限公司、中安国泰（北京）科技发展有限公司、北京中关村智连安全科学研究院有限公司、北京思路智园科技有限公司、北京辰安科技股份有限公司、北京凌天智能装备集团股份有限公司，项目包括化工安全教育公共服务平台、矿山安全生产智能监测预警系统、安责险风险防控公共服务云平台、北京市山区地质灾害物联网综合防灾示范工程、地质灾害安全态势天地感知网、杭州湾上虞经济技术开发区智慧化工园区项目——危险化学品安全生产智能监测预警系统、沉浸式安全与应急科普教育平台及社会化服务项目、单兵森林草原灭火侦打一体套装，涉及安全应急培训、检测预警、救援装备等不同领域。未来，北京市可将安全应急装备示范与安全应急场景应用相结合，带动安全应急产业发展。

8.1.3.2 加强安全应急物资管理与保障

为解决北京市应急物资储备中存在的底数不清、职责不明、调拨不畅、缺乏统筹管理工具等问题，北京市应急管理局以应急物资信息采集需求为导向，于2022年12月发布了《应急物资信息采集规范》（DB11/T 2070—2022）地方标准，界定了应急物资的边界和概念，规定了北京市应急物资信息数据采集的原则、对象、范围、要素和方式，为提高全市应急物资保障信息化建设水平提供了技术基础指导。

同时，北京市应急管理局积极开展应急物资管理信息平台项目建设工作，为逐步实现集中管理、统一调拨、平时服务、灾时应急、采储结合、节约高效的目标，稳步推进相关工作。2023年初，平台由北京市应急管理局启动建设，按照统筹全市应急物资信息管理“横向到边，纵向到底”的目标开展设计，设计用户包括市、区、街（乡、镇）三级应急管理部门，以及经信、商务、粮储、水务、城管、住建等具备应急物资保障职责的横向协调部门。作为构建北京市健全统一的应急物资保障体系的重要组成部分，该平台具备应急物资筹措、储备、捐赠、管理、调配、运输、使用、回收、评估等全过程信息化管理的功能，为提升整体管理水平提供重要的技术支撑和手段。目前，平台建设已完成一期设计开发，完成了全市应急物资信息入库，实现了日常管理和指挥调度等相关功能，并将于2023年底正式上线运行，其中，应急物资仓库管理子系统如图8-1所示，北京市应急仓库指挥系统如图8-2所示。后续，平台还将继续完善和优化相关功能，逐渐实现从管理信息化向治理智能化的转变。

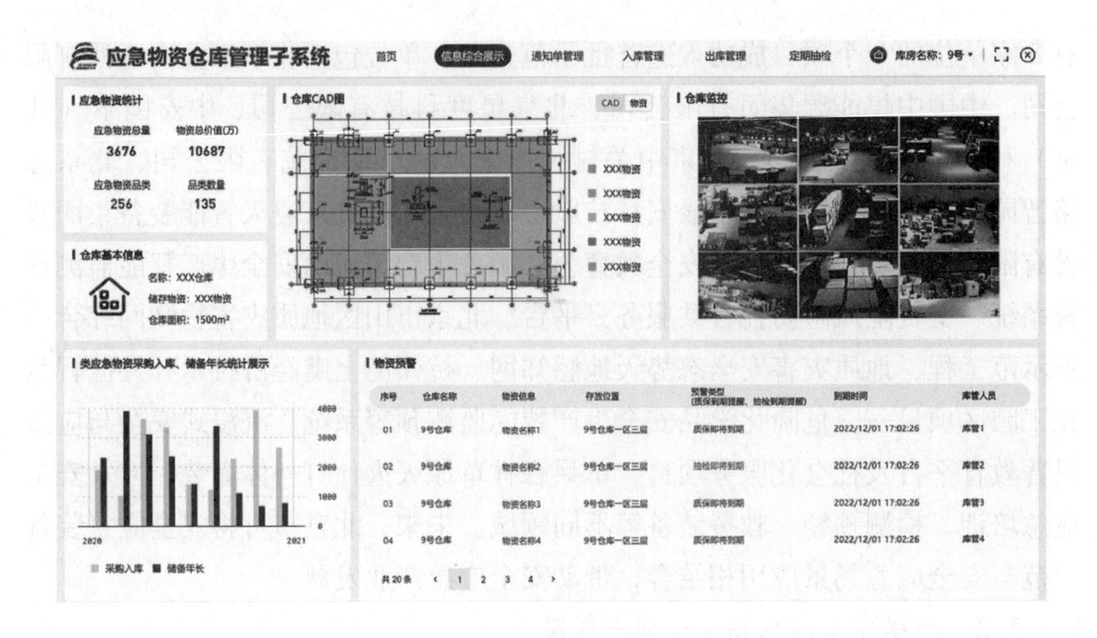

图 8-1　应急物资仓库管理子系统

图 8-2　北京市应急仓库指挥系统

除了北京市在不断加强应急物资的保障工作之外，津冀区域围绕应急物资的保障联动工作也在启动和开展，产业协同不断推进。

8.1.3.3　完善安全应急产业示范基地

北京市围绕安全应急产业形成了一批聚集园区。中关村科技园区丰台园成立了应急救援装备产业技术创新战略联盟和北京应急技术创新联盟，在整合行业资源、推动技术创新、开拓市场等方面发挥了积极作用，实现了企业的抱团发展。中关村科技园区房山园智能应急装备产业园聚集了一批智能装备企业，针对北京市森林消防灭火的实际需求，利用无人直升机企业优势，由航景创新联合恒天云端、正信宏业、星际导控、煋邦数码、数字绿土等位于产业链上下游的企业资源，共同研发出无人机灭火体系。此外，北京市在应急决策指挥平台技术开发与应用、应急通信技术与产品、地质灾害监测与救援技术装备、突发事件现场信息探测与快速获取技术产品、生命探测搜索设备、消防产品、水体溢油应急处置装备和材料、信息安全产品、反恐技术与装备、重大活动保障技术与安检设备等方面取得了一批成果，率先在国内研制成功应急平台、轻型高机动装备、高层楼宇灭火系统等一批技术和产品，在保障首都建设的同时，也在向全国进行辐射。在抗击新型冠状病毒感染疫情过程中，一批在京企业持续发力，国药集团、北京科兴成功研制出疫苗，新兴际华集团积极投入防护服、口罩等应急物资保障，辰安科技研发出疫情态势可视化系统，助力抗疫行动。北京市支持特色鲜明的安全应急产业示范聚集区建设，构建有利于产业竞争的区域生态环境，不断强化首都安全应急产业优势。

8.1.3.4 促进区域布局与产能保障联动

应急装备物资是突发事件应急救援的重要物质基础，也是应急管理工作的重要保障内容。应急装备物资保障存在“平时不用、灾时急用”的特点，要实现“找得到，调得来，用得好”，需要与应急装备物资的生产紧密结合。应急装备物资生产企业数量庞大，生产能力、资金规模、行业资质、保障效率和能力等方面存在较大差异，要实现“急时不急”，除了需要做好企业摸底、物资储备、产能储备等基础工作，在应急物资储备不足、存量不够的情况下，还需要实现快速的紧急生产、转产、扩产，以保障应急装备物资的有效供应。

在应急装备物资保障过程中，充分发挥安全应急示范单位的综合保障作用，可以有效将区域布局与产能保障进行结合。通过整合安全应急产业示范基地、安全应急装备示范企业资源，结合区域重点突发事件类型，分析应急物资保障的需求，依托安全应急产业示范基地、安全应急装备物资生产企业，建立应急装备物资管理平台，构建区域保障机制，构建起有效联通安全应急装备物资供给方与需求方的网络体系，进而形成应急装备物资保障的解决方案。

8.2 创新赋能加速安全应急产业升级

科技创新是增强经济竞争力，促进经济社会发展的重要引擎。北京市拥有丰富的科技创新资源，参与国家和地方项目众多，创新成果成效显著。随着国家产业的转型升级，充分发挥北京市创新资源富集的优势，加强各类企业、高校、科研院所等科技资源整合，推进围绕重点领域和技术方向的自主创新和“卡脖子”技术攻关，带动安全应急产业融合、场景创新、结构升级，是科技为产业赋能的重要体现。

8.2.1 推动重点领域核心技术攻关

安全应急产业链的整合，离不开各个细分领域的有效发展。围绕科技创新，北京市适应未来趋势，面向行业紧迫需求和“卡脖子”技术难点，不断加大创新成果研发力度，在安全防护、监测预警、应急救援处置、安全应急服务等细分领域，加强科技攻关，增强创新实力，实现产业细分领域的整合，进而带动产业整体发展。

8.2.1.1 安全防护

在安全防护领域，我国已形成了六大类近百种产品。目前，在阻燃防护服强力、尺寸稳定性、外观质量、染整印花方面，以及生化防护服高端产品、高端隔热服材料、耐腐蚀材料高端助剂、高性能材料等方面，我国与进口同类产品相比还有差距，或者对进口市场依赖较大。在防爆材料方面，存在防爆球成本高、密度大，高分子材料易产生碎屑等问题。因此，以上相关方向将是在京单位可以进一步发力的重点领域。

8.2.1.2 监测预警

在监测预警领域，我国已经形成了自然灾害、事故灾难、公共卫生及社会安全监测预警系统等四大类近百种产品。未来，我国将重点发展以下监测预警关键技术与装备，包括大地震孕育发生过程监测与预测预报，突发性特大海啸监测预警，重大气象灾害及极端天气气候事件智能化精细化监测预警，雷击火监测预警，城市消防安全风险监测与预测预警，浓雾、路面低温结冰等其他高影响天气实时监测报警和临近预警，矿山瓦斯、冲击地压、水害、火灾、冒顶、片帮、边坡坍塌、尾矿库溃坝等重大灾害事故智能感知与预警预报，油气开采平台重特大事故监测和早期溢流智能预警，海上溢油漂移预测技术、海上溢油量评估等技术与装备。

8.2.1.3 应急救援处置

在应急救援处置领域，我国形成了应急指挥通信、应急交通运输、应急工程救援、应急搜索营救、应急医疗救援、应急安置保障、应急后勤保障、应急特种救援及个体防护自救等领域及产品。

按照《“十四五”公共安全与防灾减灾科技创新专项规划》，在应急救援方面呈现以下发展新趋势，包括应急通信呈现高机动、可视化、便携式、云协作和全域覆盖等发展趋势；应急救援指挥调度重点关注灾害事故现场全息感知、智能研判、高效调配；应急救援装备通过组件标准化、装备模块化，深度应用物联网、大数据、人工智能、前沿材料与先进制造技术，加快趋于智能化、精密化、专业化的发展。

在救援处置技术方面，我国重点发展以下关键技术与装备，包括复杂环境下应急通信保障、紧急运输，复杂环境下破拆、智能搜救和无人救援，极端或特殊环境下人体防护、机能增强，重大灾害事故现场应急医学救援，易燃易爆品储运设施设备阻隔防爆，重大复合链生灾害应急抢险及救援处置，火爆毒多灾耦合事故应急洗消与火灾扑救，高效灭火装备与特种消防，森林草原灭火、隔离带开设、火场个人防护，溃堤、溃坝、堰塞湖等重大险情应急处置，巡坝查险、堵口抢险，水上大规模人命救助、大深度扫测搜寻打捞、大吨位沉船打捞、饱和潜水、浅滩打捞、大规模溢油回收清除，危险化学品事故快速处置，油气长输管道救援，隧道事故快速救援，海上油气事故救援，矿山重大事故应急救援，严重核事故应急救援，应急交通运输等先进技术与装备。

8.2.1.4 安全应急服务

从产业分类角度看，安全应急产业中安全应急服务业的快速发展是未来重要方向之一。随着社会经济的发展，应急管理和城市公共安全工作不断深入，安全应急服务业市场需求将不断扩大，其在安全应急产业中的比重将会提高，发展速度也将进一步加快。发展安全应急服务业，推进安全应急文化建设，引领整个社会形成良好的安全应急文化，也为促进安全应急产业发展营造良好社会环境。

在安全应急服务领域，我国重点发展各类评估相关技术，在评估恢复技术方面，主要包括灾害事故精准调查评估，灾后快速评估与恢复重建，强台风及龙卷风灾损评估与恢复，火爆毒、垮塌及交通等事故追溯、快速评估与恢复，深远海井喷失控事故快速评估、处置及生产恢复技术等。

在综合支撑与应急服务方面，重点研发重大复合灾害事故实验重现、灾害事故现场勘查与评估追溯、密集人群安全保障、应急救援虚拟演练等关键技术装备，建立健全应急装备体系、标准体系及物资储备体系，提高综合支撑与应急服务能力。

8.2.2 构建安全应急科技创新体系

伴随国家的科研体系改革，不断完善安全应急科技创新体系，优化创新创业环境，成为推进安全应急产业升级的重要手段。北京市依托创新资源丰富、国际交往活动众多、对接各级政府部门便利的优势，加强创新布局，加强技术研究、实验、检测、测试、认证、成果推广、展览、展示，以及知识产权、法律、人才等服务，构建完善的安全应急科技创新体系。

8.2.2.1 打造新型研发创新平台

北京市在国际科创中心建设上持续发力，形成了北京量子信息科学研究院、北京脑科学与类脑研究中心等一批高水平的新型研发机构，这些新型研发机构对于聚集人才、接轨国际、形成世界级科研成果起到了积极的推进作用。在安全应急领域，北京市重点企业、高校、科研院所的资源丰富，新型研发机构的建设经验也可以予以借鉴。围绕安全应急产业，加大新型研发创新平台的建设，促进国内外、京内外科技创新资源的深度整合发展，也将对北京市安全应急科技创新体系的建设发挥积极作用。一方面，引导行业龙头企业、高校、科研院所自主或与相关单位合作建立安全应急研发平台，在北京市建立国家级、市级安全应急技术创新中心、重点实验室等研发平台，开展交流与合作，不断扩大研发平台的数量，形成新技术、新成果、新产品。另一方面，积极发挥已有研发平台的作用，不断提升已有科研平台的质量，解决“卡脖子”问题，实现首都安全应急科研平台服务首都经济社会安全发展，辐射带动区域产业健康发展。

鼓励以企业为主体，产学研用结合建设一批安全应急产业技术研究院、重点实验室、研发检测平台、展示基地。鼓励各企业通过联合创新，参与重大自然灾害防控与公共安全重点专项项目任务的研究，承担项目课题研发工作，开展理论研究、技术开发，形成一批安全应急产品与成果，不断增强产业发展动力。同时，推进行业骨干企业联合高校、科研机构建立产学研协同创新机制，围绕国家和北京市应急重点需求联合开展攻关，集中力量开展智能应急救援装备、应急通信、应急医疗服务、航空应急、应急物资保障平台等关键技术研发，形成一批自主创新技术和产品，形成一体化综合解决方案，推出一批具有国际市场竞争力的自主创新产品。

此外，充分发挥高校、科研院所的产业集聚作用，将高校、科研院所作为安全应急产业发展的重要引擎。北京市高校、科研院所资源丰富，有些高校、科研院所的科研成果已在京内外实现了转化落地，形成了较好的经济社会效益。依托高校和科研院所在安全应急学科、平台、人才、科研成果等方面的资源富集优势，打造新型研发创新平台，促进高校、科研院所的科技成果更加顺畅地向产业园区、优势市场、行业企业进行转移和扩散，可进一步带动安全应急产业的创新和繁荣发展。

8.2.2.2 促进新技术产品转化应用

第一，建设安全应急产业成果转移转化平台。安全应急产业链条长、涉及领域多，开展安全应急科技成果转移转化工作，可采取搭建安全应急产业成果转移转化平台的方式，进一步整合社会力量和各方资源，汇聚行业信息，组织开展成果对接、交流、展示、展览等多类型活动，不断加强应急科技供需单位的沟通与合作，推动成果向有需求的单位进行转移和转化，促进安全应急科技成果的孵化和转化，为适宜的安全应急技术和成果的产业化和商品化提供服务平台和创新创业环境。同时，安全应急产业成果转移转化平台的建设还可以聚集起科研服务相关单位，为安全应急科研项目提供技术研究、实验、检测、测试、认证的服务条件，担负起促进安全应急技术研发服务的作用。

第二，加强成果转移转化政策的引导。北京市也在通过首台套和首购政策、科技金融政策等，支持企业开展科技创新，如《〈中关村国家自主创新示范区提升创新能力　优化创新环境支持资金管理办法〉实施细则（试行）》所列的首台套和首购政策，《〈中关村国家自主创新示范区促进科技金融深度融合创新发展支持资金管理办法〉实施细则（试行）》政策等。除此之外，北京市还可以将安全应急产业列入北京市鼓励类产业目录，对列入产业结构调整指导目录鼓励类的安全应急产品和服务，在有关投资、科研等计划中给予支持；建立政府引导、社会参与的安全应急产业投入机制；鼓励金融资本、民间资本及创业与私募股权投资投向安全应急产业；鼓励安全应急产业具有产业优势的大型企业强强联合，共同发起设立产业发展基金；建立多层次多类型的安全应急产业人才培养和服务体系，着力培养高层次、创新型、复合型的核心技术研发人才和科研团队，培育具有国际视野的经营管理人才。

8.2.2.3 发挥行业组织桥梁作用

行业组织在强化行业自律、促进安全应急协同创新方面发挥了积极的作用。北京市安全应急领域行业组织众多，应急救援装备产业技术创新战略联盟、中国灾害防御协会、中国应急管理学会、公共安全科学技术学会、中国安全产业协会等一批有行业影响力的全国性行业组织和平台均集中在京，这些组织在安全应急产业创新与发展中发挥了积极作用。以创新联盟这种行业组织形式为例，创新联盟在产业集聚中发挥着重要作用，通过搭建开放性平台，统筹政产学研用各方资源，带动产业链上中下游企业互动与合作，促进了安全应急产业的集聚发展，完善了产业生态。依托各安全应急领域行业组织，鼓励引导有关企业、高校和科研院所等搭建创业、创新平台，能够实现安全应急服务、技术和产品与市场需求更好对接。进一步发挥行业组织的桥梁和纽带作用，通过支持相关行业组织建立专委会、搭建平台、实施联合创新、开展战略研究、开展特色专业服务，可以打造我国应急能力提升的高端要素产业集群，在构建和完善国家安全应急产业现代体系中发挥更加关键的作用。

8.2.3 科技助力产业结构转型升级

近年来，随着北京市的首都功能疏解，一些以制造为主的企业积极响应国家号召，将制造业向河北省等周边省份进行转移，其中也有一些安全应急产业企业。依靠科技实现转型升级，谋求高质量发展成为众多安全应急企业的现实需求。

8.2.3.1 推动科技与安全应急产业深度融合

第一，瞄准高精尖产业领域。发达国家在安全保障和应急救援方面积累了丰富的经验，并把这些经验体现在了相关装备的开发应用中，他们开发的许多产品和装备都具备体积小、功能全、性能可靠的优势，尤其是信息技术、智能控制、物联网等新兴技术被广泛应用到应急产品、业务当中。国外许多成套的高端安全生产和应急救援产品已经广泛装配使用，并且进入规模化的市场运作，这给我国安全应急产业提供了借鉴。目前，我国应对突发事件的核心产品体系，特别是适应我国公共安全和应急救援需要的应急和安全产品体系还需不断建设和完善。北京市安全应急产业具有领域优势，加上科技实力较强，未来可在应急科技研发和体系建设方面发挥作用，从培育高精尖的安全应急产业上着手，鼓励和支持技术含量高的高端装备研发，打造具有北京特色的安全应急产业。

第二，积极发展安全应急服务业。我国安全应急产业以安全和应急产品提供为主，社会化、市场化的安全应急服务（如救援、教育、培训、演练、咨询等）还处于起步阶段，这些领域未来有较大发展潜力，也为北京市安全应急服务业的发展带来了机遇。我国安全应急产业仍处于发展初期，体系尚不健全，标准体系缺失，产业链上缺少产品检验检测环节。北京市在推进应急检验、检测方面具有一定优势，也是未来发展的重要方向。此外，围绕应急科技研发和创新开展服务，也能起到较好的区域带动和辐射作用。

8.2.3.2 完善安全应急产业产品标准体系

安全应急产业的发展离不开国家政策的导向，从风险研判到辅助决策，从指挥调度到处置和保障，都需要国家相关标准、规范和法律法规共同作为指导纲领，引导安全应急产业向专业化发展。目前，我国安全应急产业的标准和规范尚未完全建立起来，应急装备和产品的标准化程度低、集成化水平不高，在一定程度上阻碍了安全应急产业的高质量发展。

北京市可依托自身科研基础雄厚、大企业众多的优势，不断加强安全应急产业标准体系建设，积极与国际标准或国外先进标准接轨，鼓励和支持国内机构参与国际标准化工作，推动安全应急产业升级改造，推进应急标委会的建立；优先确立一批具有较强竞争力的安全应急产品、安全应急服务和应急物资配置等标准；加强标准体系顶层设计，发布安全应急产业综合标准体系建设指南；探索将与公共安全密切相关的安全应急产品和服务标准纳入国家强制性标准体系，强化安全应急产品和服务推广应用。

8.2.3.3 推动安全应急产业绿色化发展

2021 年 3 月，习近平总书记在主持中央财经委员会第九次会议上提出："实现碳达峰、碳中和是一场广泛而深刻的经济社会系统性变革，要把碳达峰、碳中和纳入生态文明建设整体布局，拿出抓铁有痕的劲头，如期实现 2030 年前碳达峰、2060 年前碳中和的目标。"碳中和将是未来社会经济发展中具有深远影响的重要内容之一，安全应急产业作为起步阶段的产业形态，也需要适应绿色、低碳的发展趋势，践行绿色发展的理念。

从技术发展方向来看，氢能技术、新能源技术等绿色技术、节能环保技术在安全应急产业发展中占有一席之地，一些企业利用新能源技术进行装备、产品开发成为一种新的方向。同时，围绕储能电站、新能源车等领域出现的新型突发事件，开展技术攻关、产品研发，形成解决方案，有助于解决城市建设中面临的新问题，促进城市的安全运行和发展。

8.3 区域协同促进安全应急产业聚合

我国提出了京津冀协同发展、长江经济带发展战略、粤港澳大湾区发展规划，不断推进区域协同发展。按照区域统筹原则，推进安全应急产业发展，优化配置应急产业资源，加强应急物资、装备的协调和调度，是促进区域安全应急产业发展的重要内容之一。安全应急作为社会发展的重要需求，离不开区域层面的协调与统筹，围绕安全应急产业进行区域统筹，能够为国家和区域的长治久安提供有力的支撑和保障。

8.3.1 加强京津冀应急协同体系建设

京津冀是我国最大城市群之一，人口密集，产业众多。2022 年，京津冀地区工业增加值实现 25114.4 亿元，占全国比重为 6.3%；截至 2022 年底，京津冀地区共有规模以上工业企业 25160 家，累计培育国家级专精特新“小巨人”企业 1100 多家、专精特新中小企业 7000 多家，分别占全国比重达到 12% 和 9%。面向京津冀地区安全应急需求，推进安全应急管理的协同发展和产业链整合，将有效带动区域发展，这可从京津冀安全应急产业链、供需、创新、产业集群层面入手，京津冀安全应急产业协同如图 8-3 所示。

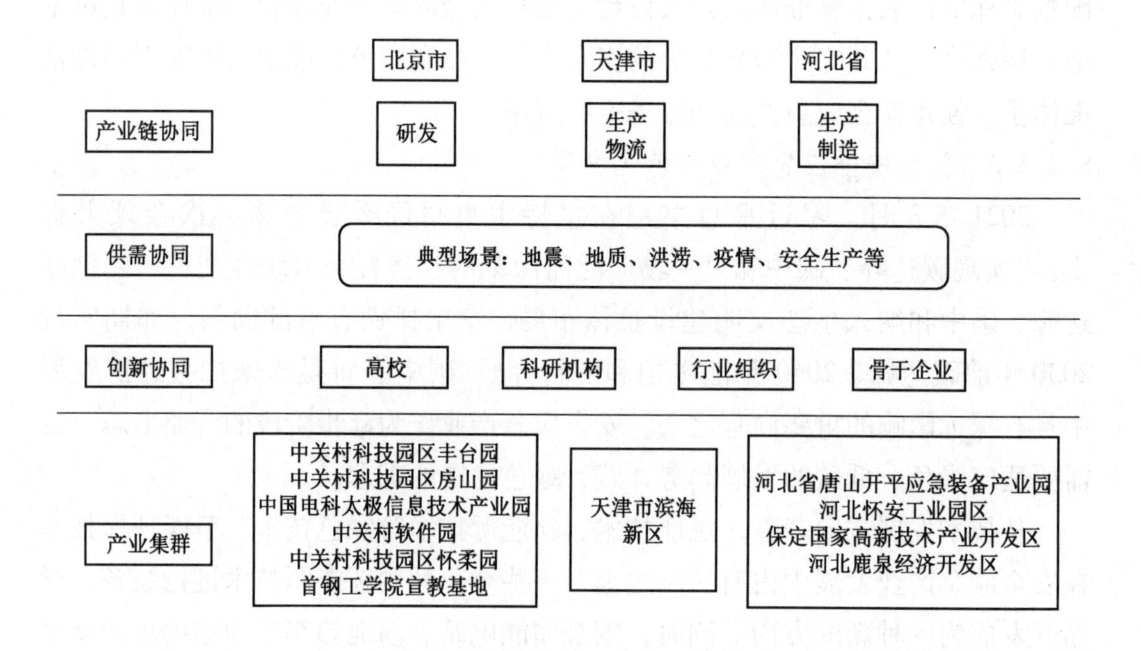

图 8-3 京津冀安全应急产业协同

8.3.1.1 高度重视京津冀安全应急一盘棋

从安全应急管理角度来看，围绕京津冀应急管理工作的协同，加强三地区域应急管理合作，通过加强区域顶层设计、健全工作机制、应急预案建设、区域联合应急演练、信息互联互通、物资调度保障等，不断提升区域应急管理和突发事件应对能力，实现应急管理的区域一盘棋。

京津冀三地在应急协作方面不断加大合作。京津冀着力推动安全应急协作，签订了《京津冀应急救援协作框架协议》《京津冀应急管理行政执法监察合作意向书》等合作文件，制定了10余项安全生产京津冀协同标准；围绕区域资源统筹协调，京津冀签订了《京津冀救灾物资协同保障协议》。为深入落实京津冀救灾物资协同保障协议相关要求，加强三地区域间灾情共享和应急物资保障联动，河北省应急厅在张家口市组织召开2023年京津冀救灾和物资保障协同发展座谈会议，北京市、天津市、河北省应急厅（局）救灾和物资保障处参会，会议就“十四五”期间京津冀救灾协同保障发展进行了集中交流研讨。会议期间，张家口市减灾委员会、张家口市应急管理局、北京市延庆区应急管理局联合组织了区域间地震灾害救助协同应急演练，进一步加强救灾物资协同保障工作的组织领导，落实联席会议制度，不断提升区域救灾物资保障效率。

北京市高度重视京津冀应急协同发展。《北京市“十四五”时期应急管理事业发展规划》中提出加强区域协同，涉及健全完善京津冀一体化应急协同联动机制，实现重大突发事件监测预警、应急准备、救援处置、转移安置、生活救助、恢复重建等领域的互通协同等内容。为了更好协调三方资源，有效应对跨区域突发事件，自京津冀应急管理合作工作开展以后，北京市主动作为，深化共识，联合行动。首先，加大了顶层设计与谋划方面的协作，推动三地签署战略联动协议，每年三地轮流组织京津冀协同应急联动工作会。其次，进一步健全联动工作机制，北京市与津冀两地建立了风险普查协同机制，三地定期通报工作进展，交流经验做法，三地毗邻县区（如房山区、延庆区、密云区、平谷区、门头沟区等）签订了县区救灾互助协议。最后，不断完善应急预案，全面推进了三地应急预案联合编制和对接工作，包括地震、危险化学品、森林火灾等方面的预案和演练等。

8.3.1.2 加强京津冀区域应急协同创新

应急科技是应急管理工作的重要支撑。京津冀都市圈是我国智力资源最为密集的地区之一，知识创新能力在全国占有明显的优势，京津冀地区集中了全国1/3的国家重点实验室和工程技术研究中心，拥有超过2/3的两院院士，形成了庞大的以两院院士为龙头、科技领军人才为骨干、青年科技后备人才为支撑的人才梯队。京津冀区域的安全应急科技和产业资源也同样丰富，京津冀区域有5个国家安全（应急）产业示范基地（园区），北京市、天津市安全应急科技资源众多，河北省产业基础雄厚，并有雄安新区作为高新技术产业发展和创新资源承接的重要载体。在京津冀区域加强应急协同创新，可以加强安全应急重点装备、产品的研发与应用，推进区域安全应急科技水平提升，在带动安全应急管理工作进步的同时，促进区域安全应急产业的发展。

推进京津冀区域应急协同创新，要结合京津冀区域应急管理统筹的要求、区域突发事件应对处置的需求开展，探索区域协同创新模式，加强区域安全应急科技和产业资源的优化整合的力度，依托区域高校、院所、企业、行业组织等不同主体优势，打造安全应急协同合作平台，加强交流与沟通，促进科研成果在区域内对接与转移转化。此外，在创新中聚集科技、金融、政策、资金等创新要素，增强发展新动力，不断提升创新的效率。

8.3.1.3 开放京津冀区域安全应急应用场景

围绕京津冀区域安全应急产业的发展需求，结合区域安全应急体系建设和应急保障工作要求，开放安全应急应用场景，拓展安全应急产业技术创新和应用综合示范是促进区域安全应急水平提升、带动区域产业发展的重要途径。

开放场景离不开对区域典型应急场景的综合分析。京津冀面临森林消防、安全生产、地质灾害等突发事件类型，这为京津冀区域的创新和产业发展带来了丰富的场景。京津冀区域内已有资源的整合，能够促进更多安全应急产品的应用。在开放场景促进创新和发展方面，北京市有丰富经验可以供京津冀区域借鉴。例如，推进北京无人机森林消防装备服务京津冀西部太行山脉的森林消防，推进无人消防机器人装备、有毒气体检测及防护装备、无人洗消装备等面向安全生产领域进行应用，推进边坡雷达、北斗斜坡监测、地震形变监测、地电监测等装备服务于地质灾害监测预警。此外，京津冀区域内的资源整合，也能够为突发事件的应对处置提供更好的解决方案。在突发公共卫生事件发生后，依托北京市在疫苗等生物医药技术方面的优势，依托河北省在应急医疗物资方面的优势，在京津冀区域间围绕应急医疗物资进行协同，是推动产业链上下游协同的重要内容，这也将实现京津冀区域间的产业优势互补。

8.3.2 促进京津冀区域安全应急产业协同发展

工业和信息化部、发展改革委、科技部、农业农村部、商务部联合制定印发的《京津冀产业协同发展实施方案》提出，支持京津冀深入实施先进制造业集群发展专项行动，建立集群跨区域协同培育机制，强化区域联动和政策协同，聚焦集成电路、网络安全、生物医药、电力装备、安全应急装备等重点领域，着力打造世界级先进制造业集群。未来，京津冀区域要通过构建产业生态体系、打造区域产业协同机制等，带动区域安全应急产业整体提升、协同发展。

8.3.2.1 形成区域安全应急产业协同发展良好生态

2023 年 8 月，为贯彻落实习近平总书记在深入推进京津冀协同发展座谈会上“把安全应急装备等战略性新兴产业发展作为重中之重，着力打造世界级先进制造业集群”重要讲话精神，河北省工业和信息化厅、北京市经济和信息化局、天津市工业和信息化局在北京市联合召开京津冀安全应急装备先进制造业集群协同会议，京津冀三地将合力推进集群创建工作。

在跨省市的区域层面建立安全应急产业的生态系统，促进产业链的协同，推进各要素的流通，打破“属地壁垒”。推进京津冀三地产业合作，依托三地企业合作、政府合作、行业组织合作，实现优势互补和资源整合。推动产业要素资源整合、共享，特别是促进科技创新、人才、资金、土地、交通、物流等产业资源的有效整合，分工合作，互利共赢。积极把握国家安全应急产业示范基地、安全应急装备应用试点示范工程等政策，支持具有一定优势、产业聚焦度高的产业聚集区，发展特色鲜明的安全（应急）产品和服务，提升安全（应急）产品供给能力。鼓励安全应急产业模式创新，加大科研成果的转化、应用推广力度。不断满足跨区域的安全应急保障要求，实现区域产业协同发展与创新协同。通过首台套、收购、保险支持、财政、金融等政策，加大安全应急产品推广应用，带动产业高质量发展。

8.3.2.2 发挥京津冀区域产业比较优势

从安全应急产业领域来看，北京市、天津市、河北省在安全应急领域的资源禀赋各有不同，北京市有丰富的科技、教育、文化资源，天津市的航运、物流和先进制造业优势较为明显，河北省产业基础雄厚，且拥有土地、劳动力等成本优势，因此，开展区域安全应急产业协同，具有良好的基础和条件。

在发挥北京市科技资源方面，倡议北京市、天津市、河北省相互开放使用实验室，共同搭建适应安全应急前沿技术应用的实验环境，联合申请建设应急领域国家重点实验室和技术创新中心。以应急救援科技创新需求为牵引，在应急管理、应急救援技术装备、防灾减灾技术装备、安全生产技术装备等领域联合开展基础研究、技术攻关和特色产品研发，组建联合创新团队，共同承担国家重大科研任务。鼓励在京单位联合天津市、河北省相关机构，共同承担国家、行业和团体标准的制修订任务。鼓励中关村科技园区房山园、丰台园等应急产业园区与河北省唐山市、张家口市的应急产业园区建立协同发展机制，北京市提供总部资源、河北省唐山市、张家口市等地提供制造业所需土地资源，两地建立利益分享机制。围绕安全应急业务开展示范试点，加强区域内应急产业园的协作，推动中关村科技园区房山园与河北省怀安县应急产业园开展战略性合作，中关村科技园区房山园利用高新技术优势进行安全应急产业研发、策划，河北省怀安县应急产业园利用广阔的土地资源和丰富的劳动力资产发展应急产品的生产、加工、储藏、物流，形成共建双赢的良好局面。

从京津冀间开展的技术交易情况来看，2021 年，北京市流向天津市、河北省的技术合同成交数为 5434 项，成交额为 350. 4 亿元；天津市、河北省流入北京市的技术合同成交数为 3269 项，成交额为 146. 1 亿元；北京市技术合同流向津冀相比于流向其他省市的情况，成交数量和成交额占比分别是 9. 1%、8. 1%。北京市科技成果流入天津市、河北省的数量、额度明显高于天津市、河北省流入北京市的情况，但相比于流向全国的数量、额度占比并不高，京津冀区域间技术交流的空间还可提升。在安全应急领域，可以通过不断增强京津冀之间安全应急技术交易的活跃度，加强三地联盟、协会、企业、院所、高校之间的科技合作与交流，促进科技成果在区域间转化、落地。

8. 3. 2. 3 建立京津冀区域安全应急产业协同机制

北京市相关部门积极做好区域间产业发展问题的沟通解决工作，切实做好服务协调等相关工作。与天津市、河北省相关部门沟通，明确北京市的功能定位、产业分工布局、基础设施建设等问题。推动京津冀协调机制落实，加强区域内财政、投资、土地等政策的统筹一致，落实发展规划和产业政策的促进作用。指导在京相关联盟，与天津市、河北省等地沟通，把规划设计、研究研发、系统集成、通信网络、产品服务等环节进行有效整合，理顺安全应急产业链上下游，开展技术合作，集合高校、企业、科研机构联合突破安全应急产业发展的核心技术，推动京津冀三地安全应急产业协同发展。以应急队伍建设及联合救援为抓手，加大安全应急产业协同发展。依托国家华北区域应急救援中心的建设，利用基地、物资保障、应急队伍、航空救援等建设机会，带动北京市应急标准、应急科技及安全应急产业发展。

依托优势科研机构，开展京津冀安全应急产业协同发展研究，通过会展、论坛、应急演练等，打造服务于京津冀区域的产业协同发展平台，加强区域间的安全应急产业协作。围绕产业的供需对接，近年来，北京市、河北省等地通过举办大型安全应急展览、论坛活动，加强行业交流与合作。例如，在河北省唐山市举办了2022年京津冀应急产业对接活动，2023年在北京市举办了第三届国家灾害治理与风险保障论坛等。通过实地考察、政策宣贯、项目对接、园区推介等活动，加强三地在安全应急产业发展方面的交流与联系。

8.3.3 推动产业在全国范围实现高端引领

我国安全应急产业在地域分布上，主要集中在京津冀、长三角、珠三角等经济发达地区以及自然灾害严重的西南地区（重庆市、四川省、云南省、贵州省等）、西北地区。北京市作为全国安全应急产业发展高地，在全国的安全应急产业布局中占有重要位置，产业中高端研发、产学研协同创新的特色较为明显，拥有一批高端科研机构和一批实力雄厚的大型企业集团、专业特色突出的安全和应急企业。北京市安全应急产业可发挥高端资源富集的优势，既促进安全应急产业资源向周边溢出，加强区域间协作，又促进科技资源、产业品牌向全国辐射和扩展。

8.3.3.1 发挥科技创新的引领作用

随着安全应急产业的发展以及北京市作为全国科技创新中心地位的巩固、加强，北京市依托科技优势在全国的引领、示范和辐射作用将更加明显。

北京市安全应急领域科技资源众多，据初步统计，北京市应急科技领域的科研院所有26家，其中在京中央部委直属科研机构有19家，地方科研机构7家；高等院校有19家，其中在京中央部委直属高校17家，市属高校2家；各类重点实验室有51个，其中国家重点实验室9个，国家工程实验室1个，应急管理部重点实验室24个，北京市重点实验室17个。发挥北京市科技资源丰富的优势，通过相关安全应急科研机构与京外机构的深入合作，围绕安全应急关键需求，结合企业关键技术、设备、产品，发挥北京市与不同区域的资源禀赋优势，促进北京市科技资源与国内安全应急产业示范基地进行合作与对接，建立跨区域的合作研发平台，推进产业集群之间的协同发展和产业链的整合。

鼓励北京市科研机构直接向京外进行安全应急科技成果转移、转化，提供专业化的安全应急科技开发、技术转让、应急管理咨询、安全应急服务，向外输出技术创新成果。2021 年，北京市技术合同成交数为 93563 项，成交额为 7005.7 亿元。从技术流向来看，2021 年，流向市内的技术合同为 32948 项，成交额为 1814.2 亿元，占全市技术合同成交数、成交额的比重分别为 35.2%、25.9%；流向京外的技术合同成交数为 59492 件，成交额为 4347.7 亿元，占比分别为 63.6%、62.1%；技术出口的技术合同为 1123 件，成交额为 843.8 亿元，占比分别为 1.2%、12%。北京市技术合同中半数以上流向京外，部分流向国外，技术成果溢出效应明显，相关溢出效应也可以在安全应急领域里予以体现。通过加强京内外科技合作交流，打造北京市安全应急产业创新中心，实现产业在全国的高端化发展。

8.3.3.2 打造首都安全应急产业特色品牌

立足安全应急品牌建设，推出一批重点企业，做强做大北京市安全应急产业。北京市形成了新兴际华、航天科工、中国兵器、中煤科工等一批实力雄厚的大型企业集团，以及辰安科技、华云气象、同方威视等专业特色突出的应急企业。据不完全统计，截至 2023 年，在国家技术创新示范企业、中国制造单项冠军示范企业、全国质量标杆企业、北京市“隐形冠军”企业中，共有安全应急科技创新企业 93 家，其中北京企业 15 家，占比 16%。此外，2021 年至今，北京市认定“隐形冠军”企业有 32 家，其中安全应急科技创新企业 11 家。

北京市可以从宏观政策支持和企业微观管理两个方面入手提升安全应急产业的品牌。在宏观政策方面，有关政府部门积极开展北京市安全应急重点企业的推荐活动，通过大型展览、论坛、国际国内交流等，集中推介一批北京企业、北京产品、北京品牌，扩大北京市安全应急产业的影响力。在企业微观层面，鼓励企业不断提升产品质量，加大创新力度，完善知识产权制度，对外展现和输出北京市安全应急企业的创新形象，同时，借助参与国内外救援等机会，面向国内长三角、珠三角和国际发达国家地区等更广大市场，完善品牌运营，加强品牌营销和推广，形成北京企业示范效应，扩展品牌效益。

8.4 产业链整合提升安全应急硬实力

北京市安全应急产业的蓬勃发展，离不开大中小企业融通、产业链整合与上下游协同发展。

8.4.1 促进安全应急产业大中小企业融通发展

8.4.1.1 壮大行业龙头骨干企业

第一，发挥龙头骨干企业的产业引导作用。我国安全应急产业发展态势良好，但也存在一些问题，如产业集中度低、产业链各环节散乱、中小企业多、龙头企业引领带动效应不强、同质化竞争严重。北京市安全应急产业领域已经形成了一批重点、骨干企业，这些企业既有综合实力强劲的世界500强企业，又有专业优势明显的专精特新企业，部分安全应急企业属于国家技术创新示范企业、质量标杆、隐形冠军、制造业单项冠军、高精尖企业等，具有一定的行业影响力、较强的发展潜力。发挥重点企业主导作用，使拥有高技术、高成长、高价值的企业成为支撑技术创新和产业发展的市场主体，不断形成和巩固有市场竞争力的安全应急产品和服务，强化北京市安全应急产业基础，打造安全应急产业北京品牌，保障产业供应链的安全。

第二，加大对已有龙头骨干企业的扶持。充分发挥安全应急龙头骨干企业在创新上的优势，鼓励和支持企业持续在研发和创新上进行投入，聚焦安全应急领域关键核心技术，攻克产业难题，创新商业模式，实现高质量发展。依托龙头骨干企业在科技、商业、市场优势，搭建开放式产业平台，汇聚创新创业资源，在自身发展的同时，带动产业链条上其他企业实现共同发展，逐步放大产业的聚合效应。

8.4.1.2 加强行业优势企业培育

安全应急产业的部分领域存在重复建设，以及未能形成有效的资源配置体系的情况。加快推进安全应急产业专业化发展，加强优势企业的培养，围绕安全应急产业链的重点领域和关键环节，培养一批具有核心竞争力、自主知识产权的特色企业，形成安全应急领域领航企业、单项冠军、专精特新小巨人，能够不断提升安全应急产业的实力。

依托首都科技、教育、人才资源丰富的优势，不断优化首都创新创业环境，利用国家、地方安全应急产业政策，为一些安全应急新发展领域提供市场机会，促进相关企业发展，持续扩大骨干企业增量。推动具备一定产业基础、市场占有率较高的行业企业不断增强自身实力，结合首都安全应急场景的需求，不断丰富和优化产品，在自身优势领域做出特色，做出品牌，实现专业化发展，不断做大做优做强，壮大产业基础，实现持续性增长。

在安全应急产业中培育优势企业，还有利于形成北京市安全应急产业独具特色的市场竞争力，促进资源的优化配置，不断提升资源的整体效率。以安全应急服务为例，我国企业多以提供安全和应急产品为主，社会化、市场化的安全应急服务，如救援、教育、培训、演练、咨询等，还处于起步阶段，这些领域未来有较大发展潜力，也为北京市安全应急服务业的发展带来了机遇。此外，我国安全应急产业体系尚不健全，标准体系缺失，产业链上缺少产品检验检测环节，北京市在推进应急检验、检测方面具有一定的产业资源、人才、技术优势，这也是未来的发展方向。

8.4.1.3　带动中小企业发展

发挥安全应急产业中龙头骨干企业的支撑带动作用，鼓励龙头骨干企业积极承担社会责任，带动中小企业发展、推进产业进步。依托龙头骨干企业在产业资源、资金、技术、平台、市场等方面的优势，积极对接中小企业，加快建立上下游利益共享、风险共担机制，培育形成一批具有核心竞争力和独特优势的中小企业，促进中小企业在增强产业链供应链稳定性、韧性，以及推动社会经济发展中发挥更加重要的作用。

从安全应急检测平台、标准化发展、科技创新、市场和资源共享等多维度，全方位为中小企业的初创期、成长期、成熟期、拓展期的全生命周期赋能。提升中小企业发展质量、竞争力，降低中小企业成本，扩大中小企业市场，打造产业链协同竞争优势，助力中小企业快速成长，服务地方经济结构调整、产业升级。以北京市为总部的研发、数据中心，通过开放研发平台、检测平台、标准平台等，促进中小企业发展。

8.4.2　促进安全应急产业链上下游协同发展

安全应急产业是综合性产业，涉及专用产品和服务，涵盖消防产业、安防产业、安全产业、防灾减灾产业、信息安全产业、公共安全产业、紧急救援产业等，产品种类达到了上千种。从产业链来看，上游为基础类产业，包括研发、原材料、元器件的生产；中游为应急物资装备制造产业，包括安全防护、监测预警、应急处置所涉及的物资、装备产品；下游为各种服务类产业，包括围绕安全应急提供的评估咨询、检验检测、教育培训、救援服务等。推动安全应急产业链上下游协同，涉及应急物资保障、产业科技创新等多维度协同。

8.4.2.1　应急物资保障的产业链协同

应急物资保障是应急的重要支撑和基础。应急物资保障工作的顺利开展，离不开产业链上下游高效联动与协同，通过产业协同，可提升应急物资的战略储备能力。在疫情期间，我国医用防护服、呼吸机等物资装备短缺，有关部门采取资源协调、企业科研机构协作、产业链协同等方式，扩大了产能，填补了物资供应缺口，满足了相关产品的需求。相关研究表明，产业链协同保障涉及生产协同和创新协同两个方面，信息在产业链环节中的互联互通是重要支撑。生产协同是通过产业链上下游的供需对接和生产要素保障形成供应链，高效联动实现物资的协同生产；创新协同是通过推动产业链上下游技术应用与生产工艺的创新优化，将技术储备快速转化为生产能力，以保障短期内应急物资的大量快速供应。

实现产业链协同保障，将应急物资储备延伸到制造、供应、全产业链的各个环节，利用政策、市场等多种经济手段，整合产业链上下游生产、商贸企业，建立应急物资产业链协同储备机制，保障应急物资储备所涉及的原材料、生产、商贸、物流、储备等各环节畅通，实现产业链应急资源统筹与共享，保障应对重大应急突发事件的储备、产能要求。

8.4.2.2 安全应急创新的产业链协同

安全应急创新涉及不同创新主体之间的合作，同样也离不开产业链上下游的协同。围绕安全应急科技创新，加强行业间对接，强化产业链上游科技攻关、补齐短板，中游突破重点领域，下游转化和带动行业发展，这种安全应急创新的产业链协同表现为多种形式。

一是围绕企业业务领域向产业链上下游延伸。一些行业龙头企业由于业务需求，向产业链上游材料、关键零部件领域进行延伸，促进了安全应急产业链协同，这在一些应急物资装备的生产制造类企业中表现较为明显。还有一些研发制造企业，为了进一步拓展市场，也在开展培训、咨询、会展等服务，向产业链下游进行拓展。

二是以应急需求为导向促进企业间协同创新。无人机技术为消防工作提供了新的解决方案和途径，消防无人机具有机动灵巧、视野全面、可搭载设备等优势，可用于监视火情、传输火场信息、提供通信保障、投送救援物资等。北京市房山区围绕森林灭火的科技需求，组织多家企业共同开展无人机森林灭火应用研究，利用无人机搭载灭火弹并在空中投放以扑灭森林火灾，实现“打早、打小、打了”的灭火，保障消防人员人身安全。

三是依托行业组织实现产业链的协同。产业联盟是推进产业联合开发、技术合作创新、产业链协同的重要组织模式，这种形式同样在安全应急领域发挥着重要作用。北京市已形成了若干应急领域的创新联盟组织，目前有应急救援装备产业技术创新战略联盟、北京应急技术创新联盟等联盟组织，通过应急科技项目组织、应急智库研究、应急产业服务、应急合作交流等多种方式，促进安全应急产业上下游产学研用协同。

8.4.3 依托中央企业打造现代产业链链长

培育具有生态主导力的产业链“链主”企业，是提升我国产业基础能力和现代化水平的重要方面。在安全应急领域，也需要依托中央企业、龙头企业形成和完善产业链条，带动产业实现高质量发展。

8.4.3.1 依托链长企业实现产业链协同

鼓励安全应急领域中央企业申报安全应急领域的产业链链长，开展安全应急产业的建链、补链、强链、延链等链长建设工作，贯通产业上下游。

安全应急产业链覆盖面广泛，产品分散于多个行业领域之中，缺乏总体政策统筹扶持，许多领域没有配备标准，需求尚未有效释放，生产企业普遍规模较小，抵御风险能力弱。支持具有行业引领作用的龙头企业，加大与中小企业的产业协同，围绕应急特种材料、应急智能装备、应急防护产品等重点领域，搭建科研平台，打通从研发到生产、到市场的关键环节，补足创新短板，打造产业集群，推动产业向中高端发展，完善和增强产业链条，带动安全应急产业的高质量发展。

依托中央企业雄厚的资金优势、政治优势、资源优势、平台优势，聚焦战略性新兴产业重点领域，加快建立产业链上下游利益共享、风险共担机制，培育打造一批具有核心竞争力和独特优势的中小企业，扶持中小企业聚焦主业深耕细分市场、走“专精特新”道路，通过增强“研产销金”资源互联互通，提高产业链供应链专业化协作水平，形成大中小企业融通发展格局，共同打造安全应急产业综合集成配套能力，增强产业链供应链稳定性、韧性，实现资源优化配置和生产要素重组，在推动社会经济发展中发挥更加重要的作用。

8.4.3.2 创新产业链组织管理模式

安全应急产业链交错重叠、结构复杂，产业链上、中、下游尚未形成联动协同机制，协同发展难度较大。针对以上问题，创新产业链组织管理模式，完善工作机制，依托链长企业核心影响力，带动多个细分领域子链协同发展，形成具有特色的产业链发展模式，是有效解决途径。

第一，分层分级推进链长建设。聚焦安全应急产业链上、中、下游关键环节，从技术、产品、规模等多个维度梳理产业链细分领域，以解决制约产业链发展的关键问题为目标，汇集产业链核心资源，形成以链长企业为主体，应急装备、应急物资、应急材料、应急救援服务、应急保障服务等为基础，智能装备、新型材料、应急智库、应急培训、检测认证等重点领域为核心的创新型产业链协同发展架构，分层分级推进链长建设。

第二，建立协同工作机制。以资源共享、优势互补、密切配合、注重实效、稳步推进为原则，在链长和产业链上下游企业之间开展全面、深入、长期的战略合作，加强定期沟通和协调，在应急物资保障、应急救援处置、协同联合创新、关键资源共享等方面形成紧密联系、共同配合的工作机制及相应合作协议，确保产业链高效稳定，在重大灾害应急处置中发挥应急产业链重要支撑作用。

第三，探索产业投资整合模式。致力于打造国内乃至国际领先的应急产品制造商，借助产业基金和上市公司等平台，运用资本运营手段，通过重组并购、交叉持股、控股参股等方式，加快产业链上下游协同合作，补齐产业链短板，扩大产业规模，提升产业链控制力、影响力，逐步构建产业链一体化的商业发展新模式。

8.4.3.3 建立供应链风险预警机制

安全应急产业链由安全防护、监测预警和救援处置等多条分链组成，涉及的关键原材料、关键零部件和具有一定销售规模的重要产品至少上百种，为满足应急准备要求，保障突发事件发生时的应急物资、装备有效供应，需要加强供应链风险研究，不断研究、判断、掌握市场供需。

第一，推动多元主体参与预警。推动设立政府专门机构积极承担预警责任，促进各行业分管部门联合行业协会参与苗头性问题预警机制建设，充分利用行业协会专业性、非营利性、中介性、独立性和搜集企业信息便利性等优势。鼓励企业提高风险防范意识，支持大型链长企业成立市场调研部等风险预警机构，与配套企业联动，加强对苗头性问题的沟通和交流，建立苗头性问题企业联合预警机制。充分发挥产业相关研究机构和新闻媒体等机构组织挖掘和研判产业最新动态的优势，支持和鼓励建立苗头性问题发现平台和报送渠道。

第二，畅通向上向下信息传送渠道。建立产业链供应链苗头性问题直报机制，将其纳入各产业主管部门、主要行业协会、链长企业、主要产业研究机构和新闻媒体等机构和组织，根据各行业重要性和行业发展特征，建立各行业苗头性问题日报、周报和月报，强化各参与机构的合作与协调，鼓励和支持联合上报反映产业链供应链苗头性问题。加强预警机制各参与主体沟通联系，加快建立政府和行业协会、政府和“链主”企业、政府和产业研究机构等维度的沟通联系机制，促进苗头性问题的及时反馈。强化对企业的预警，将对苗头性问题的最新信息和研判及时传递给国内相关企业，鼓励行业协会和产业研究机构提供应对策略咨询服务。

8.5 智慧应急为产业发展导入关键要素

我国应急管理呈现信息化、智能化、智慧化多层并进且蓬勃发展的态势。在智慧应急和应急智能化发展方面，北京市有各类高校、科研机构、骨干企业、行业组织等产业资源，并出台了一系列智慧城市、智慧应急的等政策文件，未来发展潜力巨大。

8.5.1 加强智能技术在安全应急产业中的应用

8.5.1.1 北京市智能产业资源丰富

据中国工程院中国新一代人工智能发展战略研究院发布的《中国新一代人工智能科技产业发展（2023）》介绍，在中国人工智能产业集群发展竞争力评价指数排名中，北京市综合排名第一；北京市与广东省、上海市共同构成了我国人工智能产业集群价值网络的 3 个“极点”；在 2200 家人工智能骨干企业的省份分布和城市分布中，北京市均排名第一，占比 28. 09%；在 200 家平台企业所在省份中，北京市排名第一，占比 32. 5%；在技术赋能方面，北京市排名第一，占比 31. 56%，并且北京市内技术流动占比最高，为 10. 87%；在 438 所高校所在省份中，北京市排名第三，在城市中则排名第一；在 307 所 AI 科研机构的省份分布和城市分布中，北京市均排名第一。在北京市，清华大学、北京大学是国内首批获得集成电路科学与工程一级学科博士学位授权点的高校。

8.5.1.2 智能技术在应急领域需求广泛

智能技术的创新和突破让人类社会的生产和生活方式产生颠覆性变革，正在创造万物智能的新时代。智能应急救援装备是应急装备发展的一个重要分支，用智能救援装备代替和补充目前的救援力量，势必将极大地增强和提高救援队伍的战斗力，大大减少受灾群众的伤亡和财产损失。

北京市安全应急产业具有领域优势，加上科技实力较强，未来可在应急科技研发和体系建设方面发挥作用，从培育高精尖的安全应急产业上着手，鼓励和支持技术含量高的高端装备研发，打造具有北京特色的安全应急产业。面向应急场景，加强智能装备的研制与产业化，推进应急救援朝着智能化的方向发展，这将成为未来应急装备发展的重要趋势。

突发事件应急救援具有紧迫性、危险性和环境复杂性等特点，这就对智能应急救援装备发展提出了巨大需求，特别是无人化装备在应急救援中具有不可替代的作用。北京市具有发展高端智能应急救援装备的良好基础，在生命探测、陆地救援、智能消防装备、空中救援装备、应急医疗装备、应急通信指挥等方面都有企业或产品分布。应急无人机监测灭火装备、危险化学品处置成套装备、城市安全特种机器人、医疗机器人、智能共性关键技术及材料、应急指挥通信等方面都是未来发展的重点方向。北京市可发挥自身优势，大力发展高端智能应急救援装备，在上述相关优势领域进行企业、产品布局。

8.5.2 从智能到智慧带动产业全方位发展

8.5.2.1 政策层面对智慧应急予以大力支持

在国家政策层面，国务院印发的《“十四五”国家应急体系规划》中将全面实现智慧应急作为2035年的建设目标之一，同时还提出要系统推进“智慧应急”建设，建立符合大数据发展规律的应急数据治理体系，完善监督管理、监测预警、指挥救援、灾情管理、统计分析、信息发布、灾后评估和社会动员等功能，实施智慧应急大数据工程，建设北京主数据中心和贵阳备份数据中心，升级应急管理云计算平台，强化应急管理应用系统开发和智能化改造，构建“智慧应急大脑”。科技部、应急管理部发布的《“十四五”公共安全与防灾减灾科技创新专项规划》提出，要强化云计算、大数据、物联网、工业互联网、人工智能等数字技术在重大灾害事故监测预警和应急救援技术装备研发中的创新应用。

在地方政策层面，北京市人民政府印发的《北京市加快建设具有全球影响力的人工智能创新策源地实施方案（2023—2025年）》中提出，到2025年，人工智能核心产业规模达到3000亿元，持续保持10%以上增长，辐射产业规模超过1万亿元；要形成一批示范性强、影响力大、带动性广的重大应用场景。此外，北京市人民政府办公厅印发的《北京市促进通用人工智能创新发展的若干措施》中提出，要推动在城市治理领域示范应用，支持人工智能创新主体结合智慧城市建设场景需求，率先在城市大脑建设中应用大模型技术，加快多维感知系统融合处理技术研发，实现智慧城市底层业务的统一感知、关联分析和态势预测，为城市治理决策提供更加综合全面的支撑。

8.5.2.2 智慧应急为产业带来巨大机遇

人工智能、物联网、大数据、云计算等先进技术的发展，为安全应急产业带来了巨大机遇，发展智慧安全应急产业是产业向现代化迈进的重要方向。智慧城市发展把新一代信息技术充分运用在城市的各行各业之中，智慧应急是其中的重要一环。智慧应急通过新技术应用实现了应急管理业务的创新融合，加强了应急系统的互联互通，将预报、预警、预防的关口前移，把政府、企业、社会组织、公众等进行了有机整合。通过各种先进技术，解决火灾隐患、安全生产隐患的监测预警预报问题，实现事故的监测预警、预测预报、应急准备和应急救援，提升安全事故的防御能力，为人民群众的生命财产安全筑起科技的保护墙。

8.5.3 推动城市治理的智慧化发展

8.5.3.1 开放安全应急应用场景

目前，我国智慧应急在 4 个方面提供解决方案，分别是智慧安全监管、智慧应急平台、智慧安全社区、智慧应急互助。这些不同应用场景和解决方案最终都汇集在城市治理与城市韧性发展方面，并随着应用场景的扩展、技术的更新迭代不断发展。

依托北京市的安全应急和智能产业优势，加强对安全应急重点场景的分析，开发适用的智慧应急技术、产品，更好服务于首都安全应急体系的建设与发展。目前，北京市已发布了智慧社区、自然灾害监测预警与应急指挥调度系统等多个应用场景，在此基础上，北京市可以扩大释放应用场景范围，吸引企业和科研机构参与城市建设，在安全应急领域布局相关业务板块，带动头部企业发展，推动企业在履行社会责任的同时，实现自身业务的壮大，推进北京市安全应急产业的智慧化发展。以地震韧性学校建设为例，智能应急体系贯穿其中，依托 5G、人工智能和大数据技术等，学校具备数据收集、分析计算、资源共享、监测预警、日常运维、辅助决策、部门联动、总结评估等方面的功能，根据分析计算生成预案，实现提前预判、精准应急、增强防控、服务学生等作用。北京市昌平区建设了 3 所地震韧性学校，初步具备了智慧应急地震韧性安全示范学校建设的基础，教学建筑与设施符合抗震要求，建有视频监控系统，对全体人员进行应急能力培训，储备应急物资提供自救保障，完善了地震应急组织体系。然而，这些学校在智慧韧性学校建设中，还存在一定差距，主要包括学校智慧应急管理制度建设有待完善，缺少统一的学校地震韧性评估标准，缺少系统性的地震韧性学校建设规范，常态化建设与智慧应急融合不够，避难空间的规划和建设尚不完善等，未来，需要进一步完善学校管理制度，搭建智慧应急平台，提高自救逃生技能，加强避难空间建设，加强工程设施维护。

北京市要实现安全应急领域的智能、智慧化的发展，可以组织实施北京市智慧应急产业工程。依托北京市的智能、智慧产业基础，加强数据资源的统筹和发展，带动智慧应急体系建设；围绕城市智慧发展、基层社区治理、企业安全生产，推动实施智慧应急产业工程，加强城市精细化管理，用数字化赋能首都安全应急发展，不断增强北京市安全韧性城市建设。

8.5.3.2 推动安全应急领域数据资源共享

应急管理中各个系统之间要实现协同，需要进行信息交互。智慧应急要实现系统的统一、兼容、可调用、开放，也需要进行安全应急数据资源的共享，并不断完善安全应急数据资源共享机制。以城市生命线运行监测为例，从2015年开始，清华大学合肥公共安全研究院承担了“城市公共安全脆弱性分析和综合风险评估关键技术研究与示范”项目，整合清华大学公共安全、土木工程、力学、电子、物联网和大数据处理等领域的学科和技术，成功研发出城市生命线安全运行监测系统，实现对桥梁、供水管网、排水管网、热力管网、燃气管网、电梯和消防设施等基础设施进行监测预警、数据分析、辅助决策等服务和保障，实现了产业应用，在国内取得了一系列领先的科研成果。其中，为实现数据资源的整合，构建了城市公共安全大数据系统，依托现有城市政务信息资源共享机制，整合接入城市供水、排水、燃气、桥梁、路灯等信息化系统资源，构建城市公共安全大数据系统，实现城市基础数据、运行实时监测数据、管理部门业务数据、社会数据等的汇聚。

事实上，北京市也围绕安全应急领域数据资源的共享开展了一系列工作。围绕业务系统整合，北京市应急管理局成立局科技信息化和装备建设领导小组，加强业务系统整合，重要业务系统全部实现“云部署”。除此之外，北京市还建立完善企业台账，实现了全市26.9万家生产经营单位数据应统尽统和动态更新；建立安全生产行政执法系统，形成了较为完备的安全生产信息化系统；信息化系统应用覆盖范围不断扩大，全市注册企业总数29余万家，总数据量达到13.6亿条。

未来，要进一步推进安全应急智慧化发展，需要进一步围绕数据资源整合、规范建立开展一系列研究和实践探索，带动北京市智慧应急向更高水平迈进。

安全应急产业是重要的战略性新兴产业，为国家应急管理体系和能力现代化建设提供了重要支撑。安全应急产业表现出一定的规律特征，形成了若干典型产业集聚模式，大力发展安全应急产业成为了全方位提升首都应急能力的重要抓手。北京市安全应急产业具有雄厚基础和鲜明特色，部分重点领域优势明显，聚集了丰富产业和创新资源，形成了一批各有特点的安全应急产业集聚区。结合北京市及周边地区的典型灾害场景，既对安全应急产业发展提出了要求，又对产品应用提出了需求。面向未来，北京市安全应急产业需要不断探索，依靠需求引导、创新赋能、区域协同、产业链整合、智慧元素导入，加强安全应急产业与应急管理工作融合，支撑首都应急体系和能力建设，不断打造高端产业体系，引领产业未来发展。

参 考 文 献

[1] 覃先林，李晓彤，刘树超，等．中国林火卫星遥感预警监测技术研究进展［J］．遥感学报，2020，24（05）：511-520.

[2] 杨楠．2022中关村软家园发展状况调查报告［R］．2022，17-46.

[3] 应急管理部．应急管理部发布2022年全国自然灾害基本情况［J］．防灾博览，2023，(01)：26-27.

[4] 自然资源部．自然资源部关于印发《全国地质灾害防治“十四五”规划》的通知(自然资发［2022］216号)［J］．自然资源通讯，2023（01）：15.

[5] 北京经济和信息化局，北京市应急管理局，应急救援装备产业技术创新战略联盟等．北京市重点安全与应急企业及产品目录（2021年版）［EB/OL］．（2021-12）［2023-09-05］https：//yjglj. beijing. gov. cn/art/2022/1/27/art_2740_623998. html.

[6] 北京市统计局，国家统计局北京调查总队．北京市2022年国民经济和社会发展统计公报［N］．北京日报，2023-03-22（005）．

[7] 国家消防救援局．2022年全国警情与火灾情况［EB/OL］．（2023-03-24）［2023-09-05］https：//www. 119. gov. cn/qmxfxw/xfyw/2023/36210. shtml.

[8] 吴晓林．特大城市社会风险的形势研判与韧性治理［J］．人民论坛，2021，(35)：56-58.

[9] 吴佳，朱正威．公共行政视野中的城市韧性：评估与治理［J］．地方治理研究，2021，(04)：31-43.

[10] 北京市应急管理局．市应急局刘斌副局长主持召开积水风险图项目数据共享与成果应用研讨会［EB/OL］．（2023-02-14）［2023-09-05］http：//yjglj. beijing. gov. cn/art/2023/2/14/art_6058_708316. html.

[11] 李沛霖，欧阳慧，杨浩天．当前我国超特大城市治理面临的挑战与对策［J］．城市发展研究，2022，29（04）：1-8.

[12] 北京市应急管理局．《北京市应急志愿者手册》正式出版［EB/OL］．（2022-11-04）［2023-09-05］http：//yjglj. beijing. gov. cn/art/2022/11/4/art_6058_705774. html.

[13] 胡尚全．新兴风险下的城市社区公共安全治理研究［J］．探索，2019，(02)：126-133.

[14] 北京市应急管理局．本市印发实施《北京市突发事件救助应急预案（2023年修订）》［EB/OL］．（2023-01-05）［2023-09-05］http：//yjglj. beijing. gov. cn/art/2023/1/5/art_6058_707298. html.

[15] 北京市应急管理局．市应急局印发《北京市应急管理综合统计调查制度》［EB/OL］．（2022-12-23）［2023-09-05］http：//yjglj. beijing. gov. cn/art/2022/12/23/art_6058_706544. html.

[16] 北京市应急管理局．全市重点行业领域生产安全事故隐患目录体系基本形成．[EB/OL].（2023-03-02）[2023-09-05] http：//yjglj. beijing. gov. cn/art/2023/3/2/art_6058_708816. html.
[17] 北京市应急管理局．本市成立危险化学品安全专业委员会 [EB/OL].（2022-07-08）[2023-09-05] http：//yjglj. beijing. gov. cn/art/2022/7/8/art_6058_699236. html.
[18] 北京市应急管理局．市应急局印发《北京市危险化学品企业应急准备工作指引（试行）》[EB/OL].（2022-11-18）[2023-09-05] http：//yjglj. beijing. gov. cn/art/2022/11/18/art_6058_705808. html.
[19] 北京市应急管理局．市应急局安全生产信用体系建设组合拳助力优化营商环境 [EB/OL].（2022-06-23）[2023-09-05] http：//yjglj. beijing. gov. cn/art/2022/6/23/art_6058_698200. html.
[20] 北京市应急管理局．首次北京市安全评价机构信用风险分级评估工作基本完成 [EB/OL].（2023-04-03）[2023-09-05] http：//yjglj. beijing. gov. cn/art/2023/4/3/art_6058_710578. html.
[21] 北京市应急管理局．市应急局专题研究安全生产信用信息管理系统建设工作 [EB/OL].（2022-08-23）[2023-09-05] http：//yjglj. beijing. gov. cn/art/2022/8/23/art_6058_701438. html.
[22] 北京市应急管理局．一文读懂《北京市安全生产条例》要点 [EB/OL].（2022-07-26）[2023-09-05] http：//yjglj. beijing. gov. cn/art/2022/7/26/art_6058_700032. html.
[23] 北京市应急管理局．市应急局对《北京市煤矿企业总部安全生产监督和管理工作指南》进行宣贯 [EB/OL].（2022-09-09）[2023-09-05] http：//yjglj. beijing. gov. cn/art/2022/9/9/art_6058_702364. html.
[24] 北京市应急管理局．北京市印发提升自然灾害防治能力行动计划（2022 年—2025 年）明确未来三年自然灾害防治工作任务 [EB/OL].（2022-09-14）[2023-09-05] http：//yjglj. beijing. gov. cn/art/2022/9/14/art_6058_702766. html.
[25] 北京市应急管理局．《北京市突发地质灾害应急预案（2023 年修订）》正式印发实施 [EB/OL].（2023-02-06）[2023-09-05] http：//yjglj. beijing. gov. cn/art/2023/2/6/art_6058_707920. html.
[26] 北京市应急管理局．十六家单位获评北京市公共安全教育基地 [EB/OL].（2022-11-30）[2023-09-05] http：//yjglj. beijing. gov. cn/art/2022/11/30/art_6058_706570. html.
[27] 北京商报．今年北京计划投入资金约 21 亿元，治理 1307 处地质灾害隐患点 [EB/OL].（2023-06-05）[2023-09-05] http：//yjglj. beijing. gov. cn/art/2023/6/5/art_6058_714968. html.
[28] 张璐．北京发布 30 项应用场景建设项目清单 [EB/OL].（2021-09-29）[2023-09-05] https：//baijiahao. baidu. com/s? id = 1712202274863840674&wfr = spider&for=pc.

[29] 北京市应急管理局．《应急物资信息采集规范》地方标准发布［EB/OL］．（2022-12-30）［2023-09-05］http：//yjglj. beijing. gov. cn/art/2022/12/30/art_6058_706694. html.

[30] 董炳艳，陈彤，张晓昊．应急物资保障影响因素研究［J］. 劳动保护，2023，（06）：106-109.

[31] 科技部，应急部．“十四五”公共安全与防灾减灾科技创新专项规划［EB/OL］.（2022-11-10）［2023-09-13］https：//www. most. gov. cn/xxgk/xinxifenlei/fdzdgknr/fgzc/gfxwj/gfxwj2022/202211/t20221110_183375. html.

[32] 金永花．我国安全应急产业的现状、前景、问题与对策［J］. 中国应急管理科学，2021，（12）：56-63.

[33] 北京日报．推动京津冀产业协同发展有哪些重点任务？工信部解答［EB/OL］.（2023-05-25）［2023-09-19］http：//kw. beijing. gov. cn/art/2023/5/25/art_1132_643666. html.

[34] 北京市应急管理局．市应急局参加 2023 年京津冀救灾协同保障座谈会议［EB/OL］.（2023-06-14）［2023-09-05］http：//yjglj. beijing. gov. cn/art/2023/6/14/art_6058_715406. html.

[35] 北京市应急管理局．北京市“十四五”时期应急管理事业发展规划汇编［G］. 北京：北京市应急管理局，2021.

[36] 李峰．雄安新区与京津冀协同创新的路径选择［J］. 河北大学学报（哲学社会科学版），2017，42（06）：63-68.

[37] 河北工信．京津冀安全应急装备先进制造业集群协同会议在北京召开［EB/OL］.（2023-08-21）［2023-09-18］https：//mp. weixin. qq. com/s？__biz=MzI1NzQ1NTY4MQ==&mid=2247566377&idx=2&sn=10c6eb602fe396ef248a879f3d7ef868&chksm=ea14a707dd632e11cb64076488e0b578ddc786829ae8c98a9c9f48908fde5d2785b3151ce66e&scene=27.

[38] 北京市应急管理局，北京应急管理学会，北京市科学技术研究院．北京市应急管理领域科技工作手册（2021 年版）［G］. 北京：北京市应急管理局，北京应急管理学会，北京市科学技术研究院，2022.

[39] 北京市统计局，国家统计局北京调查总队．北京统计年鉴 2022［EB/OL］.［2023-09-20］https：//nj. tjj. beijing. gov. cn/nj/main/2022-tjnj/zk/indexch. htm.

[40] 李永林．聚焦产业链协同　提升应急物资保障能力［J］. 中国石油和化工，2020，（06）：18.

[41] 中国信息通信研究院．疫情凸显应急保障体系建设重要性［J］. 检察风云，2021，（09）：34-35.

[42] 中国管理科学学会，腾讯研究院，“智慧应急”研究联合课题组．中国智慧应急现状与发展报告［EB/OL］.（2022-11）［2023-10-05］https：//www. tisi. org/?p=24449.

[43] 中国新一代人工智能发展战略研究院．中国新一代人工智能科技产业发展报告·

2023 [EB/OL]. (2023-06-20) [2023-10-04] https://www.163.com/dy/article/I7MD3UV20511A72B.html#.

[44] 国务院．国务院关于印发“十四五”国家应急体系规划的通知 [EB/OL]. (2022-02-14) [2023-10-05] https://www.gov.cn/zhengce/content/2022-02/14/content_5673424.htm.

[45] 北京市人民政府．北京市人民政府关于印发《北京市加快建设具有全球影响力的人工智能创新策源地实施方案（2023—2025年）》的通知 [EB/OL]. (2023-07-27) [2024-01-24] http://beijing.gov.cn/zhengce/zfgb/lsgb/202308/W020230801354164828693.pdf.

[46] 北京市人民政府办公厅．北京市人民政府办公厅关于印发《北京市促进通用人工智能创新发展的若干措施》的通知 [EB/OL]. (2023-07-27) [2024-01-24] http://beijing.gov.cn/zhengce/zfgb/lsgb/202308/W020230801354164828693.pdf.

[47] 郑锐艺．智慧应急综合管理服务系统的研究与设计 [J]. 消防界（电子版），2022，8（03）：21-24.

[48] 刘臻，王建飞，范文恺．智慧应急在北京市地震韧性学校建设中的实践与应用研究 [J]. 中国应急救援，2023，(04)：75-81.

[49] 袁宏永．重塑城市生命线安全监测系统 [J]. 城市管理与科技，2021，22（05）：39-41.